中等职业教育中餐烹饪专业教材

烹饪概论

张　波　张莹莹　王文媛◎主编

PENGREN
GAI LUN

中国轻工业出版社

图书在版编目（CIP）数据

烹饪概论 / 张波，张莹莹，王文媛主编．—北京：中国轻工业出版社，2023.11

ISBN 978-7-5184-4542-4

Ⅰ．①烹… Ⅱ．①张…②张…③王… Ⅲ．①烹饪—中等专业学校—教材 Ⅳ．①TS972.1

中国国家版本馆CIP数据核字（2023）第171350号

责任编辑：贺晓琴　　责任终审：劳国强　　整体设计：锋尚设计

策划编辑：史祖福　贺晓琴　　责任校对：晋　洁　　责任监印：张　可

出版发行：中国轻工业出版社（北京东长安街6号，邮编：100740）

印　　刷：艺堂印刷（天津）有限公司

经　　销：各地新华书店

版　　次：2023年11月第1版第1次印刷

开　　本：787×1092　1/16　印张：8.25

字　　数：185千字

书　　号：ISBN 978-7-5184-4542-4　定价：32.00元

邮购电话：010-65241695

发行电话：010-85119835　传真：85113293

网　　址：http://www.chlip.com.cn

Email：club@chlip.com.cn

如发现图书残缺请与我社邮购联系调换

230516J3X101ZBW

PREFACE

前言

近年来，国家对中等职业教育越来越重视，2021年12月，中共中央办公厅、国务院办公厅印发了《关于推动现代职业教育高质量发展的意见》。党的二十大报告在谈到职业教育时提出了“职普融通、产教融合、科教融汇、优化职业教育类型定位”四个关键词。同时习近平总书记指出，职业教育是国民教育体系和人力资源开发的重要组成部分，是广大青年打开通往成才大门的重要途径，肩负着培养人才、传承技术技能、促进就业创业的重要职责，必须高度重视、加快发展。2022年5月1日，新修订的《中华人民共和国职业教育法》正式施行。2022年12月21日，中共中央办公厅、国务院办公厅印发《关于深化现代职业教育体系建设改革的意见》，这些政策和文件对职业教育来说，是新时期加快发展现代职业教育的根本遵循和行动指南，为职业教育提供了更广大的政策支持和保障，对中等职业教育的发展具有极其重要的意义。

随着社会的发展，“工匠精神”也渗透到数以千万计的餐饮企业中，烹饪专业的人才供不应求。在整个烹饪专业人才培养市场中，中等职业院校烹饪专业的人才培养占到一半以上。根据国家对中职教育的发展意见，结合餐饮行业的特点及烹饪人才的需求需要，中职院校也在不断提高教学质量，改进教学方法，不断推进教学改革，尽快地为社会培养更多更好的烹饪人才。

“烹饪概论”是烹饪专业的基础课程，通过这门课程，大概了解中国烹饪的发展以及烹饪涵盖的内涵，对职业院校的学生和烹饪工作者来说，都是必须了解和掌握的基础知识。目前这门课程版本较多，没有一个统一的标准。为此，在借鉴的基础上，我们组织一些职业院校的专业教师编写了本教材。教材力求全面，通俗易懂，包括近年来我国餐饮业发展中出现的新情况。全书内容丰富、结构恰当、通俗易懂，适合中等职业院校学生使用，为学生全面了解烹饪的内容打下良好的基础。

本书由烟台文化旅游职业学院张波、张莹莹和北京市工贸技师学院王文媛担任主编，江苏省涟水中等专业学校林海明、江苏省溧阳中等专业学校黄勇和无锡旅游商贸高等职业技术学校吴晶担任副主编，长垣烹饪职业技术学院高敬严、南京浦口中等专业学校张婕妤、宁波市甬江职业高级中学邵林、苏州市太湖旅游中等专业学校桑宇平、宁波市古林职业高级中学邵泽东、顺德梁銶琚职业技术学校王俊光、广东省佛山市南海区九江职业技术学校席锡春、惠州城市职业学院韩冰霜参与编写。本书由江苏省徐州技师学院钱峰担任主审。

本书在编写过程中，得到了烟台文化旅游职业学院、北京市工贸技师学院、江苏省涟水中等专业学校、江苏省溧阳中等专业学校、无锡旅游商贸高等职业技术学校、长垣烹饪职业技术学院、南京浦口中等专业学校、宁波市甬江职业高级中学、苏州市太湖旅游中等专业学校、宁波市古林职业高级中学、顺德梁銶琚职业技术学校、广东省佛山市南海区九江职业技术学校和惠州城市职业学院相关领导的大力支持，在此表示衷心的感谢。

由于编者水平有限，缺点遗漏在所难免，不妥之处，恳请专家、同行及广大读者批评指正。

编者

2023年7月

CONTENTS

目录

第一章

烹饪概述

第一节　烹饪的概念与特征

一、烹饪的概念

“烹饪”一词最早见于《周易》“鼎卦”中的“以木巽火，烹饪也。”，这是最早对“烹饪”一词的记载，意思是说用鼎盛上食物，鼎下放上木柴，点燃后借着风力使其燃烧着火，通过加热使食物成为可以供人享用的熟食品。鼎：远古时代的炊煮器，有陶制的，也有青铜制的。木：木柴，即燃料；巽：指风。简单地说，原始的烹饪就是把生的食物加热成为熟食品的过程，它难有烹饪技术可言。

狭义上，烹饪，就是做菜做饭。这是最简单、最普通的解释。它是指对食物原料进行合理选择、切制、配料、烹制、调味等，使之成为色、香、味、形、质俱佳，又利于人体消化吸收的美味菜肴及各种饭食。通常又把它称为“烹调”，它包括加热熟制和调味等综合性的技艺加工过程。

广义的“烹饪”，它是随着人类饮食活动的丰富发展，烹饪的内涵和外延也随着增加与扩展，它包括中国菜肴饭食的系统加工烹制与食肴消费的全过程，与现今所弘扬的饮食文化意义基本相通或相似。

二、烹饪的属性

中国烹饪是科学，是艺术，是文化，已经成为当代人的共识。其实，这三个方面也就构成了中国烹饪的基本属性。

1．科学性

科学是反映自然、社会、思维一般规律的分科的知识体系。中国烹饪可以进入科学的分科的知识体系是毫无疑问的。首先，从中国烹饪的整个工艺流程来看，从选择调配原料，到治净、切配原料，再到调味、加热烹调，乃至装盘上桌，都是一系列物理变化与化学反应的过程，与基础科学密不可分。其次，从中国烹饪在社会生活中的作用来看，它与人们的衣、住、行同属于生活科学（或称应用学）。最后，再从中国烹饪品尝的结果来看，它与传统中医学、现代营养学、现代医学、优生学等有着密切的关系，所以也有人主张它属于生命科学。

烹饪是一门边缘科学，它涉及了诸如物理学（力学、热学、光学、电学、分子物理学、原子物理学、地球物理学等）、化学（无机化学、有机化学、生物化学、分析化学、物理化学等）、生物学（动物学、植物学、微生物学）、营养学、医药学（包括中医、中药学、西医、西药学等）、农学、林学、水产学等。从现代科学发展的角度看，还牵涉微电子工程学、生物工程学、新材料工程学、海洋开发工程学、航天工程学等。从广义的中国烹饪来看，还牵涉历史学、文学、美学、心理学、民俗学、训诂学、考古学、商品学、经济学、军事学、法学等社会科学。

2．艺术性

烹饪的产品是菜肴，而中国菜肴讲究色、香、味、形、器等审美元素的应用。虽然艺术是通过塑造形象具体地反映社会生活，表现作者思想感情的一种社会意识形态。而中国烹饪能巧妙地体现这一种社会意识形态。可以毫不夸张地说，中国烹饪是多种艺术的综合体。在享用烹饪成果时，往往与表演艺术相结合，如宴饮活动时的载歌载舞。烹饪成品呈上桌来，精美的造型艺术（美色、美形、图案、雕塑等）给人以观感享受，而且许多菜肴的艺术造型中还含有不同的寓意。有的菜点名称包含着高超的语言艺术，至于五味调和百味香，同三原色、五线谱变换声色一样，都能给人以回味无穷的精神享受。传统菜肴口蘑锅巴汤的“平地一声雷”，松鼠鳜鱼上桌时的“吱吱”细响，不仅有空间艺术，而且有时间艺术的特点，都能在满足生理需求的同时，给人以耳目一新的艺术享受与审美感觉。甚至这种感觉有时能够成为人们终生难忘的记忆与情感历程，其艺术感染力由此可见一斑。

3．文化性

文化是指人类社会历史实践过程中所创造的物质财富与精神财富的总和。烹饪是科学和艺术高度结合的产物，它既是科学性很强的产物，又是艺术性很强的产物，是中华民族物质文明与精神文明的光辉结晶之一，它属于文化范畴。

中国是饮食文化遗产极为丰富的国家，历代食经食典数量之多，是世所罕见的。这些饮食经典质量也是比较高的。我国历代文豪大师曾留下数量可观的专写烹饪的诗、辞、歌、赋和文章。至于在各类著作中涉及烹饪的，更是比比皆是。中国品味方式多种多样，各种宴会是这种饮食文明的集中反映。中国极其讲究饮食礼仪，而这些礼仪除有部分封建糟粕以外，其他方面则是交流感情所必需的，或是饮食卫生所必需的，是一种社会进步的表现。中国是极其讲究饮食情趣的国家，美食与美器结合，美食与良辰美景结合，宴饮与赏心乐事相结合，把饮食与美术、音乐、舞蹈、戏剧、杂技等欣赏相结合，既是一种美好的物质享受，也是一种高尚的精神享受。应该说，这是民族文化的一种表现。

三、烹饪的特点

中国烹饪的技术体系与烹饪文化内涵都是随着社会的发展而不断丰富变化的，这种发展变化是构成中国烹饪基本特征的重要内容。主要表现在如下几个方面。

1．烹饪原料日益丰富多样

随着人们生产方式的不断改进与提高，加之对外交流的结果，烹饪原料的种类越来越丰富，花样日益增加，在原料的使用上和选择上也逐步由简单变为复杂，由粗糙转向精细，由随意变得刻意，新鲜、天然、野生等原料属性越来越被广泛重视。

2．原料组合讲究科学合理

随着现代科学技术的发展与普及，中国烹饪在食材的搭配与原料的组合方面，越来越向着科学化、合理化方面发展。不仅注重主辅料的配合，包括荤素搭配、粗细搭配等，也注重主要原料与调料的配伍，而且日益多样化、合理化，食品安全、饮食卫生、膳食营养，被放在了更加重要的位置。

3．烹法与口味与时俱进

中国的烹调方法丰富多样，但有利有弊。随着时代的进步发展，部分传统烹调方法逐渐被现代烹调方法所取代，一些古烹调方法又“返璞归真”，重新走向市场；烹调方法呈现由繁到简的势态。在烹调的口味方面，则呈现出相互交融的特征，区域性口味不断迅速向外扩张蔓延，并与当地食文化浑然一体，菜系之间的技术差别与口味差异越来越小，口味的演变模式与时俱进，呈现出个性化、多样化的特点。

4．菜肴审美讲究品位、时尚

菜肴的美学元素运用越来越成为菜肴造型、菜肴装盘的要求，有的菜肴追求由简单到烦琐，有的则追求由烦琐到简洁、明快、适宜的风格，盘饰更加注重画龙点睛，简便易行，避虚求实，但讲究视觉的审美效果，以体现菜肴整体的审美品位、时尚和情趣。烹调器具也随着菜肴审美的要求发生了历史性变革，盛器等更加花样翻新，代表餐饮业个性化色彩的盛器越来越显示出更加浓厚的文化品位和审美格调。

5．烹饪生产技术不断完善

传统的中式烹饪模式在现代生产方式的推动下，发生了巨大的变化，烹调工艺流程更加严格，科技含量越来越高，菜肴生产以餐饮店为单位逐步迈向程序化、统一化、标准化和规范化。产品结构逐步调整，各种菜式应运而生，菜式品种更加丰富多彩。烹调工艺的时间管理更加严格，菜肴出品力求简洁化、方便化、高效化。

6．烹饪菜品被赋予新的内涵

中国烹饪传统的“正宗”观念被新的内涵逐渐代替，菜肴以“好吃”为基础，发展出来的色、香、味、形、器的品评标准在发生丰富性的变化。个性化的菜肴以“适口者珍”为前提，但菜肴的健康、养生、营养、审美、文化等方面的要求越来越成为发展趋势。

第二节　烹饪　烹调　烹饪文化

一、烹饪与烹调的关系

从历史角度来看原始烹饪，先民仅是把生的食物加热成为熟食品的发现过程，它没有任何今天意义上的烹饪技术可言。但“烹调”则不然，它是在用火加热的同时，有了包括器具使用、调味品的使用含义，这就有了烹饪技术在里面。所以，了解中国烹饪的意义，实际上要从了解“烹调”一词开始。尽管，在许多烹饪专业著作中，烹饪与烹调的表述基本相同，但最直接对中国烹饪的意义和作用进行学习，是离不开“烹调”概念的。

在烹饪技术的操作过程中，使用最多的还是“烹调”一词。所谓烹调，就是将合理选择的原料，经过科学地配伍与巧妙地加热调味，制成各种菜肴的综合过程。它是菜肴制作的技术总和，它包括原料的选择、粗细加工、切配工艺与刀工美化、加热过程与调味技艺、装盘、装饰等操作过程。具体地说，“烹”就是指对食物原料进行加热至熟的过程；“调”就是调和滋味的过程。从餐饮行业的角度来看，这里的烹调是专指菜肴的制作，就是餐饮业内人员常说的“红案”工作。

二、烹饪文化的含义

我国的饮食文明与饮食文化一直伴随着华夏民族的经济发展、人口繁衍、文明进步在不断积累，经过几千年，甚至是上万年的艰苦历程，形成了积淀丰厚的文化内涵，成为中华民族珍贵的文化遗产之一。

“文化”一词在中国古代原指以人类的文明积累教化人们的行为过程，与军事征服、武力统治相对应。《周易》中有：“观乎人文，以化成天下”。什么是“文”呢？这便是古代儒家所倡导的“礼乐制度”。人类的文明进步是随着人类生活中各种礼仪制度、礼仪礼俗规矩的建立而实现的，这就是人文的形成。再用这种人文来规范后来的人们，使人们遵守礼仪制度，懂得做人的道理，这就是人文化成的意思。

中华民族在其漫长的历史发展过程中，所积累创造的食材生产、食物选择、食物加工、饮食制度、膳食观念、饮食习俗、技术理论的全部物质与精神成果的总和，是中国民族文化的一个重要的组成部分。中国烹饪文化包含食物的生产加工过程与食品进食消费过程两个方面的内容。

从物质的层面上看，中国烹饪是从食材生产—选择原料—加工烹制—经营服务—进食消费—饮食观念—价值实现的过程。而从精神层面看，这当中的每一个环节都伴随着意识形态的内容诞生。如食材生产的过程，先民为了得到更多的食物，很早就出现了祭祀活动，以较少的食物奉献以求获得更丰厚的回报，这已经不是单纯的物质层面了。所以，烹饪活动的外延就成为辐射化的发展形态。在原料选择上，包括原料的种类、物性、鉴别、作用等，在加工烹制上包括设备、工具、手段、方法等，而在经营服务方面的设备、设施、环境、气氛、审美都在实践与理论层面完全展开了，尤其是在进食过程赋予了食品丰富多彩的精神寄托等，形成了诸多相对独立的成果，并作为一个整体，使中国烹饪给消费者在物质上和精神上的全部价值得以体现。

上述的内涵和外延，无论是从物质层面，还是精神层面，都是博大的成果积累，可以说这些都是中国烹饪文化的范畴。由此，也就可以理解中国烹饪文化的概念了。

目前国内理论界有把中国烹饪文化和中国饮食文化的两种提法并论。从其研究内容和终极目的来看，基本范畴是一致的。但也有学者认为，如果严格定义的话，中国饮食文化和中国烹饪文化的侧重面是有所不同的。中国饮食文化应侧重进食活动与饮酌行为的研究，如包括食风、食俗、膳食观念、饮食寓意、饮食哲学、饮品艺术等；而中国烹饪文化则是以食物制作的实际操作技艺和理论体系为主要内容的，可以包括饮食与四时节俗的关系，当然一般不包括酒、茶等饮品文化。

三、烹饪文化的形成

中国烹饪文化作为中国传统文化的一个组成部分，自然与中国数千年来的政治结构、经济结构有着必然的联系，并经历了一个长期的历史过程。

1．夏商周三代奴隶制文明

夏商周三代的奴隶制文明，是高度发展的古代文明，对中国烹饪的形成起着重要的作用。以商、周灿烂的青铜器为载体组成的食制，以《吕氏春秋·本味篇》为代表的烹饪理论和较早的阴阳五行学说的开创，都是烹饪文化的重要表现。可以说，三代的礼制就是构建在饮食制度上的。

2．封建社会文明

我国自秦汉以来的2000多年间，虽然说期间有数百年的分裂与割据，但中国基本是维持了大一统的封建文明。传统的中国烹饪文化，也因此仍保持延续和发展，没有出现断裂和断代。儒家的“中”与“和”，也一直在烹饪理论上强烈地表现着，对原料的共同认识，基本一致的烹饪技法，对制品色、香、味、形、器的共同要求，维系着中国烹饪文化的统一与发展，应该说这是缘于中央集权制，缘于汉以后的儒家学说的主导地位。

3．民族文化大交流

从夏商周三代开始，以炎黄部落、黄河流域为基础形成的汉民族文化，一直在和其他少数民族产生着碰撞、交流，这个以中原大地为舞台的碰撞、交流，在不断地激发着中国文化、中国烹饪文化发展的活力，而且还不断地扩展着这种文化的影响范围。汉民族的兼容性，汉文化的兼容性，“中”与“和”理论的融合性，可以说是发挥到了极致，作用到了极致。

4．广阔的疆域与丰富的物产

在世界的疆域大国中，中国是最早形成的，而且长期保持着一统。迥异的地理环境、气候条件，为中国烹饪提供着丰富的物产基础，这是世界其他国家所少有的。烹饪文化基于丰富的物质条件之下，才能够创造出以美食为载体的文化成果与饮食生活的精神享受。

5．封建经济

在现代工业革命之前，中国的农业、手工业生产一直处在发达水平，尤其是青铜器、铁器、瓷器、煤炭的开采利用等，为中国烹饪技术的进步发挥着重要的作用。航运业、商业的繁荣也给中国烹饪的发展提供着很好的保障。高度发达的经济基础，提供了文化创造的物质条件，于是中华民族的聪明才智便体现在烹饪饮食的领域里，创造积累了博大精深的烹饪文化成果。

有了上述的条件，才能使中国烹饪文化至今仍在技术、理论的很多方面，保持着优势和领先地位，正如孙中山先生在《建国方略》中所说的：“中国近代文明进化，事事皆落人之后，惟饮食一道之进步，至今尚为文明各国所不及。中国所发明之食物，固大盛于欧美；而中国烹调法之精良，又非欧美所可并驾……烹调之术本于文明而生，非深孕乎文明之种族，则烹调技术不妙。中国烹调之妙，亦是表明进化之深也。”

第三节　烹饪学及研究

中国烹饪由于在其发展的历史积累中没有形成一套完成的理论体系与研究方法，缺乏科学的学科背景，至今没有得到我国高等教育部门的正式认可。但是，基于我国烹饪饮食在实际的生活应用、技术体系、观念意识等方面的社会地位，它本来就是自然存在的一个应用性的科学门类。

一、烹饪学的概念

科学是一种知识体系，而这种知识体系又是来自人类的生活和社会的实践，那么烹饪自然也就属于科学的一个门类，属于一种学科。

所谓烹饪学，是以研究烹饪（做菜做饭）的自然科学原理与技术理论基础的一门技术科学，它所运用的方法主要就是观察、研究、实验。而且这与《韦氏字典》对科学所下的定义是一脉相承的，即从观察、研究、实验中所导出来的一门有系统的知识体系。从这样的意义来看，烹饪属于自然科学范畴。

然而，中国烹饪学的复杂性又并非自然科学范围知识体系那么简单。因为它在技术作业与观察实验过程中，又往往产生许多与技术表现本身无关的意识形态方面的生活体验与知识体系，包括意识观念、烹饪用意、饮食习俗、饮食养生、饮食审美、烹饪禁忌、饮食仪式等，这些内容属于社会科学的研究领域。因此，中国烹饪又属于社会科学范畴，抑或是具有自然科学属性与社会科学属性的双重意义。

二、烹饪学研究的对象、内容及方法

烹饪是一门综合性很强的边缘科学，它几乎涉及基础科学的所有领域，这也是烹饪学的优势所在，它因此可以借助其他基础学科的研究成果作为自己的理论基础。

首先，在烹饪原料开发、原料加工、原料保鲜、菜点烹制与饮食保健方面，它要分别利用动物学、植物学、微生物学、农学、林学、园艺学、水产学、畜牧学、能源学、机械学、制冷工艺学、冷藏工艺学、热学、力学、风味化学、人体生理学、生理营养卫生学、临床营养卫生学、食养学、食疗学、食品检验学以及海洋开发工程、生物遗传工程、信息论、控制论的研究成果。

其次，在探讨烹饪历史、饮食民俗、菜品审美和饮食消费等课题时，它又要分别利用历史学、考古学、训诂学、文化史学、民族学、民俗学、社会学、文学、心理学、工艺美术学、商品学、市场学、经营管理学以及经济地理、法学的基本原理作依据。

最后，烹饪学还要以哲学和美学作指导，研究人对烹饪的审美关系，探寻其规律；按照辩证唯物主义和历史唯物主义的观点，总结烹饪经验，阐明烹饪原理，揭示中华民族饮食的演变规律和发展趋势。

1．烹饪学研究的对象

烹饪学是研究中国烹饪学科体系的全部内容与知识领域，具体应该包括如下几个重点内容。

（1）烹饪产品的研究　是探寻烹饪菜品的技术特征和规律，研究烹调原料的利用，炊饮器皿的属性，烹调工艺的民族特征，包括烹饪方法、工艺流程、作业背景、产品标准以及烹饪设备、工具等内容。

（2）烹饪产品特色的研究　是探讨烹饪产品的形成过程与变迁路线，研究菜品的发展历史、饮食市场的变迁、饮食民俗的由来、饮食文化的成因、烹饪的理论体系以及中餐的国际地位。

（3）烹饪产品消费的研究　以烹饪产品的消费目的与功能的探究，研究菜品风味的地域色彩，各种筵宴的格局，菜系的相互影响，食疗方剂的效用以及菜谱食经的编写方法。

2．烹饪学研究的内容

根据烹饪学的研究对象和研究目的，其具体的研究内容大致包括如下几个方面。

（1）烹饪食材研究　包括烹饪原料学、烹饪原料加工技术、烹饪原料的营养分析与运用、烹饪原料的开发利用以及与此相关的知识。

（2）烹饪工艺研究　包括烹饪工艺学、烹饪设备与工具的开发利用、烹饪作业流程与标准、烹饪菜品生产质量标准、烹饪产品的创新开发、烹饪产品的安全生产管理等。

（3）烹饪产品消费研究　包括餐饮营销管理、饮食消费心理学、饮食民俗学、烹饪艺术美学、餐饮品牌策划与推广、美食节策划与应用等。

（4）烹饪和养生的关系研究　烹饪营养学、中医养生学、饮食保健学等。

3．烹饪学研究的方法

烹饪学研究的方法包括理论体系的研究方法与技术性作业的研究方法。

（1）烹饪理论研究方法　中国烹饪理论研究的方法主要是运用“实证性研究”方法，从对烹饪作业变化与运动规律的观察出发，对所研究的问题进行归纳整理，进而形成逻辑化的理论观点和知识体系。因此，中国烹饪理论研究包括对烹饪的感知过程，即人们通过感觉器官，对烹饪的客观现象进行观察、搜集、整理、分析并形成判断的过程。进而达到认知的过程，即人们通过分析能力，在判断的基础上，对所认识的烹饪现象与运动规律，进行进一步的抽象、归纳、概括，从现象到本质，再从本质到现象，从个别到一般，再从一般到个别，从抽象到具体的过程。最后，通过逻辑思维过程，在对烹饪现象认知的基础上，对中国烹饪研究的问题进行从部分到整体完形化过程，最终形成完整的理论观点或知识体系。

（2）烹饪实践研究方法　烹饪是一门应用科学，理论的研究是为烹饪实践服务的，而烹饪实践的研究是烹饪产品服务于人们生活和社会活动的最终目的。就烹饪产品的生产而言，烹饪实践研究包括实验室研究法与生产车间（厨房）体验研究法，但在实际的应用中往往是先从实验室到生产车间，再从生产车间到实验室的反复研究，才能够得到真实有效的研究成果。就烹饪产品的消费而言，烹饪实践研究主要包括社会观察法与实地体验法，研究中也往往是两者密切联系，因为如果运用单一的方法不可能得到完全的实践结果，这类似于人类学的实地考察与田野采风相结合的研究方法。

思考与练习

1. 从狭义和广义两个方面来描述烹饪的概念。
2. 烹饪的属性是什么？
3. 讲述烹饪的特点。
4. 阐述烹饪与烹调的关系。
5. 烹饪文化的含义是什么？
6. 烹饪学的概念是什么？
7. 烹饪学研究的对象、内容和方法分别是什么？

第二章

烹饪的发展史

第一节　烹饪的起源

一、火的发明和利用

在数百万年以前，我们的祖先已劳作在这片土地上了。但早期的人类是不会使用火的，过着生吞活剥、茹毛饮血的蒙昧生活，这段时期是没有“烹饪”可言的。

人类究竟何时开始懂得用火，据考古表明，人类约在300万年前就懂得用火，火的力量给人类留下极为深刻的印象，而火的利用给人类的生活带来很大的变化，例如火能用来照明、烤熟食物、烤暖身体、驱走猛兽、保护安全等。人类对于用火与熟食的认识，是经历了由火烧熟食的发现到有意保存火种，再到发明火与自由掌握用火漫长的历史过程，也经历了从神话传说到科学用火的实事，直到后来科学研究的燃烧理论。

我国有科学依据的用火年代，可以追溯到距今180万年前。1973年冬，学者在发掘我国云南元谋人化石遗址时，不仅找到了旧石器，而且特别引人注目的是，在地质层中发现了大量炭屑，炭屑最大的层厚达15毫米。伴随着这些炭屑，还有动物化石、烧骨和石器的存在。因此，考古学家得到一个新的结论：“我们认为从元谋人化石层里找到了可能是目前已知人类用火的最早证据”。除此之外，据考古学家新的信息，在距今约180万年前的山西芮城、80万年前的陕西蓝田，也发现了古人类用火痕迹。这说明我国不仅是世界迄今为止发现最早的人类用火的国度，而且材料也较之其他国家丰富。

古文献中记载的“燧人氏”钻木取火，炮生为熟，使人类进入了熟食时代，这是中国用火熟食的起源，不过，此时只能算是最原始的烹饪。原始的烹饪方法较为简单，如烧、炮、炙、烤等，还有古籍中记载的“石上燔肉”的石烹法。原始的烹饪是把生的食物做“熟”，是一个烧火加热过程，有什么样的经验技术，也只有当年古人知道，且无文献记载，我们不能认为是完整意义的烹饪。

二、陶器的发明和利用

挖坑灌水烧石把食物煮熟和“石上燔谷”“石上燔肉”，被称为中国烹饪的石烹时代，这当中虽然有自然器具的发现与利用，但不是真正意义的工具发明与创造，直至陶器的出现。

陶器的发明是人类文明的重要进程，是人类第一次利用天然材料，按照自己的意志创造出来的一种崭新的东西。从河北省阳原县泥河湾地区发现的旧石器时代晚期的陶片来看，在中国，陶器的产生距今已有11000多年的悠久历史。

从目前所知的考古材料来看，陶器中的精品有旧石器时代晚期距今 1 万多年的灰陶，有8000多年前的磁山文化的红陶，有7000多年前的仰韶文化的彩陶，有6000多年前的大汶口的“蛋壳黑陶”，有4000多年前的商代白陶，有3000多年前的西周硬陶……

中国上古时代的制陶工艺，是充分利用硅石材料的创造活动。1962年，在江西万年县大源仙人洞，发现一个距今已有1万多年的新石器时代早期的洞穴。从中发掘出残陶器碎片90余片，全是夹砂红陶，质地粗糙，掺杂着大小不等的石英粒，质松易碎。陶片厚薄不等，胎色以红褐色为主，也有呈红、灰、黑三色。器内壁凸凹不平，没有耳、足等附件。这些情况显示出当时制陶的原始性。陕西华县老官台出土的陶器，也反映了同样的情况。考古发掘充分证明，我国在新石器时代一开始，许多地区就开始了陶器的制作。

中国的仰韶文化距今约五六千年，这时的陶器是以红陶为主，灰陶、黑陶次之。红陶分细泥红陶和夹砂红陶两种。主要原料是黏土，有的也掺杂少量砂粒。在仰韶陶器中，细泥彩陶具有独特造型，表面呈红色，表里磨光，还有美丽的图案，是当时最闻名的。细泥陶反映了当时制陶工艺的水平，具有一定代表性，所以考古上常将仰韶文化称为彩陶文化。西安市半坡村发掘的彩陶盘也属于仰韶文化的产品。

中国最早使用的较为正规的烹饪炊具是陶器，陶器的生产和使用，使人类饮食生活的面貌发生了新的变化，由此出现了煮、蒸、焖、炖、熬等烹饪方法。如前所述，陶制炊食具的生产和使用，在我国已有8000 ~ 10000年的历史了，这在我国黄河流域的西安半坡文化遗址和长江流域的良渚文化遗址中都有古代陶器文物出土。

三、盐的发现与利用

据历史资料记载，最早的盐是采集的自然盐，中国最早发现并利用的自然盐主要是池盐。其产地在晋、陕、甘等广大西北地区，最著名的是山西运城的盐池，历史上被称为解池或河东盐池。在《史记》中有记载说，黄帝曾战炎帝于阪泉，败蚩尤于涿鹿，后又“邑于涿鹿之阿”。据专家考证：“阪泉在山西解县盐池上源，相近有蚩尤城、蚩尤村及浊泽，一名涿鹿”。所谓“浊泽”就是盐池，所以中国历史上的“炎黄之战”，实际上是为了争夺食盐而引起的一场战争。但这种池盐仍然是一种自然资源，仅仅是人类的发现而已，不具有文化意义上的创造发明。

大约到了我国原始社会后期的黄帝时代，生活在黄河下游的“夙沙氏”部落发明了“煮海为盐”。而“煮海为盐”的先决条件就是用火和耐火器具的使用。而中国“盐”字的本意就是在器皿中煮卤。《说文解字》中记述：天生者称卤，煮成者叫盐。如果传说中的黄帝臣“夙沙氏”煮海成盐可信的话，那么，我国先民大约在神农氏（炎帝）与黄帝之间的时期就开始了取海水煎煮盐了。所以，也有学者认为，中国最早的盐是用海水煮出来的。20世纪50年代福建出土的文物中有煎盐器具，证明了仰韶时期（公元前5000年—公元前3000年）古人已学会煎煮海盐。所以，后世把发明人“夙沙氏”称为海水制盐用火煎煮之鼻祖，尊崇其为“盐宗”。

我国宋朝以前，在河东解州安邑县东南十里，就修建了专为祭祀“盐宗”的盐宗庙。清同治年间，盐运使乔松年在泰州修建“盐宗庙”，庙中供奉在主位的即是煮海为盐的夙沙氏，商周之际运输卤盐的胶鬲、春秋时在齐国实行“盐政官营”的管仲，置于陪祭的地位。

中国也是盐井的发明地。早在战国时期巴蜀地区（今四川省），秦昭王时蜀郡守李冰，在治水的同时，勘察地下盐卤分布状况，始凿盐井。《华阳国志·蜀志》记载：李冰“又识齐水脉，穿广都盐井，诸陂池，蜀于是盛有养生之饶焉。”这是有关中国古代开凿盐井的最早记载。《蜀王本纪》也说：“宣帝地节（公元前69年—公元前66年）中始穿盐井数十所。”

汉代时候，我国就开始利用盐池取盐。《华阳国志·蜀志》记载：“定筰县……有盐池，积薪以齐水灌而后焚之成盐。”王廙《洛都赋》有“东有盐池，玉洁冰鲜，不劳煮，成之自然”的描述。刘桢《鲁都赋》也有“又有盐池漭沆，煎炙阳春，焦暴喷沫，疏盐自殷，挹之不损，取之不勤”的相同描述。

随着火的利用、陶器的发明及调味品的出现和使用，我们的祖先最终告别了蒙昧的生活时代，开始进入了文明的烹饪时代。因为，人类有了烹饪熟食，围绕火塘的食物加工与食物分配开始了，并由此诞生了最原始的饮食文明。于是，也就出现了我国古籍资料中所说的“饮食之道始备”的结果，完整意义的烹饪从此形成。而且，通过烹饪熟食，人类渐渐知道使用饮食器具，进而懂得了生活上的一些饮食礼节，开始了人类文明生活的脚步。

第二节　烹饪的发展简史

一、史前时期

这一时期，人们从“生食时代”进入到“火燔熟食阶段”，人类开始用火熟食，而且能够自己创造火种和自由运用火，由自然人变成了社会人，逐渐摆脱了“茹毛饮血”“生吞活剥”的生活，开始走向了开化文明的时代，也开始了我国原始的烹饪。烹饪史上的烧、炮、燔、炙、烤等烹饪方法都是在这一时期产生的。

传说中上古时神农氏发明耒（垒）帮（饲），教民生产粮食；燧人氏钻木取火，使人们“炮生为熟”，以化腥臊；伏羲氏“教民渔败（田）”，饲养牲畜，以充庖厨，都反映了史前时期简单烹调的一般情况。陶器和盐的出现，使人类从熟食向多元化发展。

在学术界，有人把用火熟食化为烹饪诞生的标志，称为中国烹饪的萌芽时期、火烹时期。

二、夏商周三代时期

这一时期上承原始社会末期，下至秦始皇统一中原，大约两千年的时间。开始人类社会由陶制烹饪器具向青铜烹饪器具的过渡阶段，有了传热较快和锋利的金属鼎、刀、俎、铲、匙等炊具及烹煮器、食器、酒器、乐器、礼器，甚至还出现了我国最早的冷藏设备“冰鉴”；学会用曲酿酒；已知用盐和梅作烹饪调味；除烧、烤、煮、蒸之外，还学会了炸、煎、炒等烹调技术；专职烹饪工作的厨师。

这一时期，烹调原料显著增加，由于受到阴阳无形学说的影响，人们习惯于以“五”命名。如泛指稷、黍、麦、菽、麻籽等的“五谷”，代表葵、藿、薤头、葱、韭的“五菜”，统称牛、羊、猪、犬、鸡的“五畜”，包括枣、李、栗、杏、桃在内的“五果”，以及泛指包括米醋、米酒、饴糖、姜、盐之类的“五味”。“五谷”有时又写成“六谷”，后来甚至又以“百谷”称之，说明了当时食物资源已比较丰富，而且在逐渐增加。这些都是人工栽培的原料，已经成为饮食生活的主体。

自商代以来，随着金属冶炼技术的发明，轻薄精巧的青铜食具登上了烹饪舞台。我国现已出土的商周青铜器物有4000余件，其中多为炊餐具，而且多被当作礼器。青铜炊具食器具有耐磨损、抗氧化、传热快等优点。所以青铜器的问世，提高了烹饪工效和菜品质量，并由此诞生了诸如炒、炸、爆等以快速加热见长的烹饪方法。

夏商周时期，我国的烹调技术已经取得了飞速的进步，开始讲究原料的选择与调味。据《吕氏春秋·本味篇》记载：“调和之事，必以甘、酸、苦、辛、咸。先后多少，其齐甚微，皆有自起。鼎中之变，精妙微纤，口不能言，志不能喻。”伊尹所论述的烹饪调味技艺，反映了三代时期的烹饪发展情况。伊尹说：“夫三群之虫，水居者腥，肉玃者臊，草食者膻。臭恶犹美，皆有所以。”认为所吃的肉类有三种，水居动物的肉有腥味，食肉动物的肉有臊味，吃草动物的肉有膻味，它们虽然都有恶劣的气味，却能烹调出美味来。这是关于食物原料的选择经验。伊尹解释调味技艺说：凡味之本，水最为始。五味三材，九沸九变，火为之纪。时疾时徐，灭腥去臊除膻，必以其胜，无失其理。他还特别讲到了当时七种著名的调味品：“和之美者：阳朴之姜，招摇之桂，越骆之菌，鳣鲔之醢，大夏之盐。宰揭之露，其色如玉。长泽之卵……”“卵”可能是鱼卵制成的调味品。“其色如玉”的露也是一种调味品。《吕氏春秋·本味篇》还列举了许多当时各地美味的鱼、肉、蔬菜和水果。

在周代，周天子以及王族食用的美味，有八种被记录在史料中，被后世称为“周八珍”，是当时菜肴烹饪水平的代表，也是我国北方菜肴风味发展的代表，是我国最早较为详尽的菜谱。周代八珍的具体内容包括淳熬、淳毋、炮豚、炮牂、捣珍、渍珍、为熬、肝膋。《礼记·内则》一书对此有较为详尽的解释。

三代时期，尤其是在商周两代，饮食筵宴初具规模，饮食市场已经形成，礼乐侑食，王室膳食制度完善，饮食服务明确。这些在《周礼》《仪礼》《礼记》《诗经》等书中多有记载与反映。因为在商周时代，随着生产力水平的日益发达，生活资料开始充实，有了更多的选择余地，奴隶主生活开始趋于奢侈，人类生活开始由饱暖向礼仪文化方面升华，在饮宴中不但有珍馐罗列，味列九鼎，歌舞齐乐的豪华场面，而且陈列编钟，演奏井然有序的乐曲，这就是古代“钟鸣鼎食”的饮宴文化。

春秋战国时期，是我国思想文化的大发展时代，而此时也是我国烹饪理论初步形成的萌芽时期。这一时期，虽然没有烹饪专门著作，但烹饪的基础理论在《吕氏春秋》《周礼》《礼记》《仪礼》《论语》《黄帝内经》等书中已经清晰可见。其中较有代表的是孔子关于烹饪饮食的理论。孔子主张饮食上要“食无求饱”，但烹饪上要“食不厌精，脍不厌细”，并由此提出了“十三个不食”的论述。亦如前述，《吕氏春秋·本味篇》是秦相吕不韦召集门客编写而成的一部著作，共160篇，是杂家的代表性著作。其论述中谈到了烹饪原料、烹饪调味、烹饪用火，以及菜肴成品质量等内容，其理论源于伊尹的烹饪实践，是我国第一篇烹饪专论。

三、秦汉魏晋南北朝时期的烹饪

秦汉时期是中国饮食史上一个重要的发展阶段。这一时期，由于铁制器具的广泛使用，生产力水平得到了很大的提高，以农业生产为主的经济发展迅速，食源不断丰富。加之以旋转石磨为代表工具的粮食加工、烹调方法、饮食器具、饮食礼仪、饮食习俗及素食现象等，都影响着后世烹饪发展的进程与格局。魏晋、南北朝时期，虽然各地战争频繁，但由于中外文化交流的扩大，食物来源也不断增加，决定了烹饪技艺的多样化发展。同时，在频繁的对外交流中，域外烹饪经验与原料进入我国的中原地区，胡饼、胡酒、胡羹、胡麻等食物、食品的传入，饮食业由此兴旺发达，菜肴饭食品种繁多，烹调方法百花齐放，使我国的烹饪发展达到了一个很高的水平。这一时期，以北魏贾思勰的《齐民要术》为代表的烹饪理论书籍大量出现，表明我国的烹饪发展已经由“技术”进入了“学术”的发展阶段。

在先秦五谷、五畜、五菜、五果、五味的基础上，汉魏六朝的食料进一步扩充。张骞出使西域后，相继从阿拉伯等地引进了胡麻、胡豆、胡瓜、胡荽、胡椒、胡葱、胡蒜、安石榴、葡萄等新的蔬菜、水果品种，以及良种的牛羊畜牧等，扩大了原有的食材范围，尤其是蔬菜、水果品种的大量增加，为菜肴烹饪与素食兴起开创了新局面。汉代桓宽在《盐铁论》中说，西汉时的冬季，市场上仍有葵菜、韭黄、簟菜、紫苏、木子耳、辛菜等供应，而且货源充足。《齐民要术》记载了黄河流域的31种蔬菜，以及小盆温室育苗，韭菜捉子发芽和韭菜挑根复土等生产技术。扬雄的《蜀都赋》中还介绍了天府之国出产的菱根、茱萸、竹笋、莲藕、瓜、瓠、椒、茄，以及果品中的枇杷、樱梅、甜柿与榛仁。有“植物肉”之誉的豆腐，相传也出自汉代，是淮南王刘安与众多方士在炼丹时发明的。

秦汉以来，我国的冶铁技术得到了飞速发展，铁质的烹饪炊具、器具日益普及开来，尤其以铁釜、铁甑为代表的烹饪器具的出现，促进了这一时期烹饪水平的提高。汉魏时期的炉灶已经发展为台灶，烟囱已由垂直向上改为“深曲通火”，并逐步使用煤炭窑，有利于掌握火候。河南省唐县石灰窑画像石墓中的陶灶、河南洛阳烘沟出土的“铁炭炉”，以及内蒙古新店子汉墓壁画中的6个厨灶，都有较大改进，有“一灶五突，分烟者众，烹饪十倍”的记录。

四、唐宋时期

唐朝以后，出现了新的燃料与炉灶。石炭、煤炭等矿物燃料开始用于烹饪炉灶，这一时期精美的瓷器在餐桌上广泛使用，而且包含了许多精巧的器皿。花色菜点也大量涌现，如唐朝韦巨源《烧尾宴食单》中记载的“遍地黄金甲”“水晶龙凤糕”“生进二十四气馄饨”等，甚至出现了刀工精美的花色冷菜拼盘，如五代尼姑梵正拼制的花色冷盘“辋川图小样”，其水平已臻完美境地。经济的空前繁荣，文化的兴旺发达，中外的频繁交流，市场的异常发达，都为饮食生活的丰富和饮食文化的发展创造了优越的条件，是中国烹饪发展史上的兴旺时期，几乎达到了封建社会烹饪发展的顶峰。

这一时期的宋朝，当时北宋的汴梁、南宋的临安，其繁花似锦的经济发展状况，是广为世人所知的。南北饮食风味及川味等地方风味的形成，面食品种的丰富多彩，乃至菜肴数量多达百余种的豪华宴席，以及大量食书、食谱的出现，各种饮食保健理论大量出现，烹饪专著及食经，名目繁多，如隋代医学家马琬的《食经》、谢讽的《淮南王食经》、崔禹锡的《崔氏食经》，唐代有《严龟食法》十卷、杨晔的《膳夫经手录》四卷、丞相段文昌的《邹平公食宪章》、尚书令韦巨源的《烧尾宴食单》、中国第一部刀工专著《斫脍法》、五代百卷本的《食典》《中馈录》《山家清供》《本心斋疏食谱》《膳夫录》《玉食批》《云林堂饮食制度集》、孙思邈的《千金要方·食治》、孟诜的《食疗本草》、陈士良的《食性本草》、张鼎的《食经》，还有《寿亲养老新书》《食物本草》《饮食须知》《日用本草》《食治通说》《饮膳正要》等，都表明中国烹饪文化的发展进入了一个高度繁荣的历史阶段。

五、元明清时期

元明清时期是我国各族人民的大融合期，这一时期的中国烹饪在广泛地融合了各个民族的文化与饮食风俗的基础上，得到了全面的发展与提高，无论是烹饪工艺还是烹饪理论研究方面，都进入了较为完善的成熟期。尤其是从明朝中叶到清朝中叶的200多年里，使中国的烹饪文化进入了昌盛时代。中西合璧的饮食市场开始萌芽，西式烹饪技艺传入，茶馆也在明清时期广泛兴起。清朝的京城，饮食市场异常发达，著名的四大菜系及风格各异的地方风味此时已经形成。以“满汉全席”为代表的豪华宴席的形成和出现，展现了这一时期烹饪的最高水平。特别是如《饮膳正要》《遵生八笺》《随园食单》等为代表的一大批成熟的饮食烹饪专著的面世，都表明这一时期是我国烹饪发展的鼎盛期。

六、近当代时期

近当代中国烹饪是指从鸦片战争到现在。这期间虽然不足200年的时间，中国烹饪与中国人民一样，虽经磨难，但却得到前所未有的发展机会，在频繁的对外交流与经济的发展中取得了辉煌的成就。

（一）中华人民共和国成立之前

从鸦片战争开始至中华人民共和国成立的历史发展中（1840—1949年），中国社会处在内外交迫，政治腐败的阶段，西方列强加强了对中国的侵略，同时西方文化也乘虚而入，中国的烹饪技术随之亦传向世界各国。“昔日中西未通市以前，西人只知烹调一道法国为世界之冠，及一尝中国之味，莫不以中国为冠矣。”孙中山先生的话揭示了当时中国烹饪的情况。与此同时，国人开创了以西学研究中国烹饪之先例，出版烹饪专著近百种，先后出版了《清稗类钞》《食品化学》《食品成分表》《饮食与健康》《实用饮食学》《微生物学》等。随着中国人大量进入欧美等国家，1897—1918年，美、英各大城市纷纷设立中国餐馆。

西方的食品、食品科学和新式的食品加工技术也在这一时期大量传入中国，而国内的企业家也大量发展食品加工业。1908年国人在哈尔滨创办制糖厂。同年日本生产的味素输入我国，光绪末年粉丝业在烟台各县兴起，龙口牌粉丝出口。1909年安庆胡玉美罐头食品公司改进四川豆瓣酱，创制蚕豆辣酱。1911年四川开始人工栽培银耳。1912年四川汉章创制涪陵榨菜。1919年李石曾、张静江在法国开设豆腐公司兼售豆芽。1920年王益斋在烟台创烟台啤酒公司。1921年吴蕴初研制味精成功。1923年张逸云与吴蕴初合作创办天厨味精厂，使中国成为世界上第二个生产味精的国家。大量食品工业的引进与发展，为中国烹饪原材料的丰富、为调味品的增加提供了基础条件，对于传统中国烹饪的改变与发展起到了巨大的推动作用。

与此同时，大量烹饪专业图书的出版，为继承与促进中国烹饪的发展也产生了巨大的作用。1917年，卢寿的《烹饪一斑》、李公耳的《家庭食谱》分别出版。此后，有梁桂琴的《治家全书》出版，卷十为烹调篇，杨章父等人的《素食养生论》出版，李公耳的《西餐烹饪秘诀》、时希圣的《家庭食谱续编》分别出版。1925年以后，则有时希圣的《家庭食谱三编》《素食谱》《家庭食谱四编》相继出版，有丁福保的《食物新本草》、无名氏的《吴中食谱》分别出版，有大连饭庄的《北平食谱》、祝味生的《中西食谱大全》、陶小桃的《陶母烹饪法》、张恩廷的《饮食与健康》、龚兰等人的《实用饮食学》等分别出版问世。1940年以后，则有张通之的《白门食谱》、任帮哲等人的《新食谱》、单英民的《吃饭问题》、方文渊的《三十八年食历》《汤与饮料》等分别出版。

这一时期的中国烹饪，随着民族饮食工业的兴起，并大举进军世界各国，在国际上得到了极高的声誉，烹饪王国的雏形已经显现，中国的饮食之道，举世赞叹，为中国烹饪进一步发展奠定了坚实的基础。

（二）中华人民共和国成立至今

中华人民共和国成立后，随着社会的变革，以及新制度的诞生和社会生产力的日益发展，新的食物原料不断补充和出现。同时，厨师的地位得到了明显的提高，烹饪技艺也得到了国内国外的广泛交流，加之烹饪理论的研究、烹饪教育尤其是高等烹饪教育的诞生，揭开了新中国烹饪发展的新篇章。改革开放以来，中国烹饪更是得到了迅猛发展，使中国这一“烹饪王国”的美名飞扬五湖四海，令世人惊叹不已。烹饪技艺的丰富提高，饮食市场的兴旺发达，不仅活跃了当代的市场经济，而且更为广大人民群众生活水平的改善和提高作出了巨大贡献。

从20世纪60年代起，中国烹饪改变了几千年以师带徒的传艺方式，出现了专门的学校教育，烹饪教育进入了正规学校职业教育的轨道。随着烹饪教育的发展，中国烹饪由专门技术传授向科学、艺术、文化教育的方向发展。特别是改革开放以来，中国烹饪进入了大总结、大交流、大竞争、大融合、大发展的全面提升时期，党和国家非常重视中国烹饪的发展。

1980年3月，《中国烹饪》杂志创刊，同年5月，在北京召开了全国方便食品科技会议。烹饪行业在全国开始了大练兵、大比武的大好局面。1982年4月，《食品周报》在北京创刊，各省市、自治区纷纷设立食品工业协会、烹饪协会。至此中国烹饪走上了正确的发展轨道。国家各有关部委，如原供销、商业、劳动、人事部门都设立了技术工人考评委员会，负责对厨师等工种的考评工作。中国商业出版社根据国务院1981年12月10日发布的《关于恢复古籍整理出版规划小组的通知》，对我国历代典籍中，有关烹饪方面的著作进行了较为系统的发掘整理，对原书进行注释和今译，如对《周易》《尚书》《诗经》等数十种经典古籍进行选注，对《吕氏春秋·本味篇》《千金食治》《随园食单》等几十种烹饪古籍进行了整理译注。这一工作对青年厨师进行传统文化的专业学习和传统的烹饪教育极为有益，使传统的饮食文化大放异彩。除国家级的烹饪刊物外，各省、市的烹饪刊物，如雨后春笋竞相出版。有关菜谱、烹饪书籍、论文及烹饪教材等上千部书籍展现在读者面前，烹饪专业的职业教育，从职业中学、技工学校、中专到专科、本科的院校应运而生。现在，哈尔滨商业大学、扬州大学旅游烹饪学院有了烹饪专业的研究生，2023年扬州大学新增交叉学科博士点“餐饮科学与技术”开始招收博士生，一些经济发达的省份还建立了自己的烹饪研究所，将中国烹饪提高到科学研究的新阶段。

中国加入世界贸易组织（WTO）后，为中国烹饪带来了无限的发展空间和机遇。由于社会的进步，科学的发展，技术的改进，人民生活节奏的加快，新技术、新工具、新原料、新调味品的不断增加，促使中国烹饪向着便捷、实用、重口味、重花色、重营养、讲卫生的方向发展。随着现代营养学在中国烹饪及膳食结构中的应用，初步实现了人们日常膳食的多样化、科学化，达到了合理调配膳食、平衡膳食的目标。

思考与练习

1. 简要阐述火的发明和利用对烹饪的意义。
2. 简要阐述陶器的发明和利用对烹饪的意义。
3. 简要阐述盐的发现和利用对烹饪的意义。
4. 中国烹饪的发展经历了几个时期，并阐述各个时期的特点。
5. 阐述各个时期关于烹饪方面的代表性著作。

第三章

烹饪原料与烹饪设备

第一节　烹饪原料

烹饪原料是食物加工的物质基础，从采购、运输、贮存，到原料的选择、加工、烹调等每一个环节，都是围绕原料展开的。由此可知，餐饮产品最终质量的优劣，首先取决于原材料质量的优劣。要烹制出美味可口的食物，保证食物的质量，就必须选择优质的烹饪原料。清代的美食家袁枚在《随园食单·须知单》中早有论断："物性不良，虽易牙烹之，亦无味也。"此外，如果对烹饪原料的特性不甚了解，无论如何也不会加工出真正的好食物。

一、烹饪原料的概念

烹饪原料是指以天然动植物组织及食品工业加工制品为原料，通过烹饪加工可以制作主食、菜肴、面点、小吃等各种直接经口摄入的食物，为人体提供营养，且不危害人体健康的可食性原材料。烹饪原料种类繁多，它不只是自然采摘或获取的生鲜食材（有些还是活物），还包括供加工或烹饪用的初级产品、半成品；既有有机物质，也有无机物质。

二、烹饪原料的分类

烹饪原料分类形式很多（表3-1），按烹饪原料的性质和来源分为植物性原料、动物性原料、矿物性原料、人工合成原料；按加工与否分为鲜活原料、干货原料、复制品原料；按在烹饪中的地位分为主料、配料、调辅料；按烹饪原料种类分为粮食、蔬菜、果品、肉类及肉制品、蛋奶、水产品、干货、调味料；按食品资源分为农产原料、畜产原料、水产原料、林产原料、其他原料。

表 3-1 烹饪原料分类表

分类依据	原料种类
原料的性质	植物性原料、动物性原料、矿物性原料和人工合成原料
加工与否	鲜活原料、干货原料和复制品原料
烹饪中的地位	主料、配料和调辅料
烹饪原料的种类	粮食、蔬菜、果品、肉类及肉制品、蛋奶、水产品、干货和调味料
食品资源	农产原料、畜产原料、水产原料、林产原料、其他原料

三、烹饪原料的品质检验

为了确保原料的质量，烹饪原料在未进入流通或加工前都应根据规定的标准，对原料、辅料、半成品以及成品的品质和卫生质量进行分析、检测，掌握其全面质量，以质定价或进行适宜的加工，这是对生产者、经营者、消费者极有利的工作。随着科学的进步和生产的发展，检验在质量管理中占有重要的地位，在收购、经营、加工各个环节都应认真地执行。

食品质量及卫生状况的好坏，与消费者的健康甚至生命安全息息相关，而烹饪原料是菜点食品质量优劣最重要的物质基础。因此，掌握烹饪原料的品质检验的方法，客观、准确、快速地识别原料品质的优劣，对保证烹饪制品的食用安全性具有十分重要的意义。

（一）烹饪原料品质检验的程序和内容

根据一定的标准，对烹饪原料的品质和卫生质量进行分析、检测的程序一般为：采样、样品制备→感官检验→理化检验→生物学检验，图3–1为烹饪原料品质检验的程序。

采样、样品制备 → 依据原料的标准，在待检原料中，抽取少量具有代表性的样品对其分析检验，检验结果代表整批原料的结果。采集的样品要剔除非可食部分，如肉禽类的骨头；蔬菜的老、黄、烂叶

↓

感官检验 → 通过对样品色泽、气味、滋味、外形等指标的观察，判定样品是否达到标准的要求

↓

理化检验 → 利用理化仪器设备检测水分、营养成分、风味成分和有害成分（重金属、农药、毒素）等指标，再与相关标准对照，从而作出品质的判断

↓

生物学检验 → 利用显微镜和细菌培养法等判定细菌污染的种类和程度或寄生虫的寄生情况，如检验肉类球、杆菌或细菌总数，作为新鲜度判断的参考指标

图 3-1 烹饪原料品质检验的程序

（二）餐饮业常用的检验方法

餐饮行业中对原料进行品质检验，最常用的就是感官检验法。感官检验是以人的感觉器官（眼、耳、鼻、口、手）作为“测量仪器”对原料品质进行鉴别的方法。感官检验简便、灵敏、直观，不需专门的仪器设备，尤其是烹饪原料品质的可接受性只能用感官检验来做判断和认定。感官检验受年龄、性别、生理状况、生存环境、心理因素、自身喜好等因素的影响，精确度和重现性较差。感官检验是鉴别烹饪原料品质优劣的最实用、最简便而又有效的检验方法，适用于几乎所有的烹饪原料，尤其是肉类、禽蛋、水产品、果蔬、调味品等，是目前餐饮业最常用的品质鉴别的方法。感官检验的方法主要有以下几种。

1．视觉检验

视觉检验就是利用人的视觉器官鉴别原料的完整程度、大小、形状、结构、色度、光泽、纯度、成熟度、清洁度等方面。这是判断原料质量时运用范围最广的一个重要手段。检验时应在光线明亮、背景亮度大的环境下进行视觉检验，最好采用自然光或日光灯等冷光源；对可能出现沉淀及悬浮物的液态食品应适当搅拌或摇晃；对瓶装或包装食品应开瓶、开袋检验；大块食品可以切开观察其截切面状态。

2．听觉检验

听觉检验就是利用人的听觉器官鉴别原料的震动声音来检验其品质优劣的方法。主要鉴别原料的脆嫩度、酥脆度及新鲜度。如用手摇鸡蛋听蛋中是否有声音，来确定蛋的好坏；挑西瓜时，用手拍击西瓜听其发出的声音，来检验西瓜的成熟度等。检验时应尽量在安静的场所进行，并将原料与耳朵接近，但又不能紧挨耳口。

3．味觉检验

味觉检验就是利用人的味觉器官来检验原料的滋味，从而判断原料品质优劣的方法。味觉检验包括原料入口后的风味特性（滋味及口腔的冷、热、收敛等知觉和余味）及质地特性（原料的硬度、脆度、凝聚度、黏度和弹性）；原料咀嚼时产生的颗粒、形态及方向物性；以及油、水含量感。味觉检验对于辨别原料品质的优劣是很重要的，尤其是对调味品、水果和烹饪半成品等。

4．嗅觉检验

嗅觉检验就是利用人的嗅觉感官来鉴别原料的气味，进而判断其品质优劣的方法。新鲜原料本身都有一种正常的气味，而原料气味的变化恰恰是原料中各种化学物质变化的结果。而最终产生的异味往往与微生物的生长繁殖有关。但检验过程中可采用适当方法增加气味物质的挥发度，以增加嗅觉检验准确度，还应避免嗅觉疲劳、嗅觉交叉对检验结果的影响。如肉类有正常的肉香味，新鲜的有正常的清香味。如出现异味，则说明品质已发生变化。

5．触觉检验

触觉检验就是通过手对原料的触摸来检验原料组织的粗细、弹性、硬度及干湿度等，以判断原料品质优劣的方法。肉类、鱼类、蔬菜、水果都能用这个方法鉴别其品质的好坏程度。检验时要用相对灵敏性较好的手进行，以增加检验的准确性。

四、烹饪原料的安全管理

烹饪原料的安全状态关系食用者的身体健康，甚至关系生命安全。因此，加强烹饪原料的安全管理至关重要。在相关烹饪原料的各类标准中，几乎每一类标准都有卫生的要求。

HACCP（Hazard Analysis Critical Control Point危害分析与关键点控制）是确保食品在消费的生产、加工、制造、准备和食用等过程中的安全，在危害识别、评价和控制方面是一种科学、合理和系统的方法。这种方法把过去对最终产品的检验制度，改为对任何有可能发生的不安全因素进行彻底分析，并对所有关键点进行严格控制，使任何危害都不可能发生。由于这种方式的科学、合理和有效性，很快便被世界上许多国家食品行业及餐饮业采用。

五、烹饪原料的保管方法

烹饪原料绝大部分来自动、植物等生鲜原料，这些生鲜原料在收获、运输、储存、加工等过程中，仍在进行新陈代谢，从而影响到原料的品质。尤其在原料的储存保管过程中，如果保管不善，将直接影响到原料的质量，进而影响菜点的质量。因此，必须采取一些措施，尽可能地控制原料在储存过程中的质量变化。

（一）低温保藏法

降低烹饪原料的温度并维持在低温状态的保藏方法，称为低温保藏法，是常用的保藏方法。通过降低并维持原料的低温能有效抑制原料中酶的活性，减弱由于新陈代谢引起的各种变质现象，抑制微生物的生长繁殖，从而防止由于微生物污染而引起的食品腐败。低温还可延缓原料中所含各种化学成分之间发生的变化，降低原料中水分蒸发的速度，减少萎蔫现象。

低温保藏法可分为冷藏和冷冻（冻藏）两种。① 冷藏是将原料在稍高于冰点的温度中进行贮藏的方法。常用冷藏温度为0～15℃。主要用于贮藏蔬菜、水果、禽蛋，以及畜禽肉、鱼等水产品的短期贮存，也可用于加工性原料的防虫和延长贮存期限。② 冻藏是将原料冻结并在低于冰点的温度中进行贮藏的方法。常用于对肉、禽、水产品、预调理食品的保藏。原料冻结后，原料所含水分绝大部分形成冰晶体，减少了生命活动与生化变化所必需的液态水分，能高度减缓原料的生化变化，可以更有效地抑制微生物的活动，保证原料在贮藏期间的稳定性。

（二）高温保藏法

利用高温（60℃以上）杀灭原料上黏附的微生物及破坏原料的酶活性而延长原料保存期的方法称为高温保藏法。由于微生物和酶对高温的耐受能力较弱，当温度超过60℃时，微生物的生理机能即减弱并逐渐死亡，可防止微生物对原料的影响。同时高温还可以破坏原料中酶的活性，防止原料因自身的呼吸作用、自溶等引起的变质，达到保藏的目的。

高温保藏法可分为巴氏消毒法、煮沸消毒法和高温高压灭菌法三种。① 巴氏消毒法是将原料在62～63℃的温度下加热30分钟以杀灭原料中致病菌的方法。适合于啤酒、牛奶、酱油、醋等原料的消毒。只能杀死致病微生物的营养细胞，不能杀灭耐热性强的芽孢。常结合冷藏进行10天以内的短暂保存。现代的高温短时杀菌法和超高温瞬时杀菌法，一般用于牛奶和果汁杀菌后的长期贮存。② 煮沸消毒法是将原料置于沸水中煮沸的消毒方法。杀菌消毒效果较巴氏消毒法要好。餐厅中多用于餐具、易腐的肉类、豆制品等的消毒。③ 高温高压灭菌法是采用100～121℃的高温灭菌的方法。可以杀灭各种微生物及芽孢，烹调次新鲜的肉类可用高温高压杀菌法消毒杀菌后供食用。

（三）脱水保藏法

利用各种方法将原料中的水分减少至足以防止腐败变质的程度并维持低水分进行长期贮藏的保藏方法称为脱水保藏法。食品通过干燥脱水，降低了水分活度，使微生物可利用的水减少，同时食品原料中的化学物质浓缩，提高了渗透压，最终使微生物失水而导致代谢停止，使其生长受到抑制或死亡。原料中酶的活性也因干燥而减弱，原料变质速度减缓。多用于对山珍海味、蔬菜水果的保藏，餐厅中可用干燥脱水的方法自行晒制干菜、猪肉皮等。常用的脱水保藏法有自然干燥、人工干燥、烘烤油炸三类。① 自然干燥是利用太阳晒干和风吹干食品，在较长的干燥时间里原料可继续完成后熟，形成特殊的风味。② 人工干燥是利用人工控制条件除去原料的水分，干燥效率高，常见的有热风干燥、真空干燥、冷冻干燥等，多见于工业化生产。③ 烘烤油炸是餐厅可通过油炸或烘烤脱去原料水分，延长半成品保存期限。

（四）腌渍保藏法

利用较高浓度的食糖、食盐等物质对原料进行处理而延长保存期的保存方法，称为腌渍保藏法。糖、盐等物质产生的高渗透压，可降低原料的水分活度，造成微生物细胞的质壁分离现象，细胞内蛋白质成分变性，杀死或抑制微生物活动，同时高渗透压可抑制酶的活力，达到保藏原料的目的。① 盐腌，多用于肉类、禽类、蛋、水产品及蔬菜的保藏，依原料不同分别使用食盐及硝盐、香料等其他辅助腌剂。一般使用食盐浓度在6%～15%。盐腌有时与脱水干燥相结合。② 糖渍，主要用于水果和部分蔬菜的保藏加工，可制成蜜饯、果脯、果酱等制品。一般糖浓度在50%以上才具有良好的保藏效果。③ 酸渍，是用风味纯正的可食用的有机酸，如乳酸、醋酸、柠檬酸等腌渍原料，除具有明显保藏作用外，还可使原料具有独特的风味，如泡菜、酸菜。用酸渍保藏时酸度一般都不大，往往需与低温或盐渍、糖渍结合使用。④ 酒渍，是利用酒精的抑菌杀菌作用保藏食品原料的方法称为酒渍保藏法。常用白酒、酒酿、香糟、黄酒来浸渍原料。白酒和酒酿等含酒精量高，杀菌力强，多用于水产品的腌渍，如红糟鱼、醉蟹；香糟、黄酒等适用于出水后酒渍的原料，如醉虾、醉鸡。

（五）烟熏保藏法

烟熏保藏法是在腌制或干制的基础上，利用木柴、树叶等不完全燃烧时产生的烟气来熏制原料以达到保藏目的的方法。熏烟中含有醛、酚等具有抑菌作用的化学物质，烟熏过程中产生的热量可使原料部分脱水，同时温度升高也能有效地杀灭表面的微生物，减少表面黏附的微生物数量，具有较好的防腐效果。适用于动物性腌腊制品的保藏，一些果蔬（如乌枣、烟笋）也用烟熏保藏。

（六）辐照保藏法

这种方法利用放射性元素离子的穿透力，以极微量的射线照射原料，抑制发芽，杀灭微生物及昆虫，使促进生化变化的酶遭受破坏，失去活力，从而终止原料的被侵蚀或生长老化进程，维持品质稳定。

（七）活养贮存法

活养贮存法是餐厅对小型动物性原料进行饲养而保持并提高其品质的特殊贮存方法。原料随用随杀，可以充分保证原料的新鲜度；短期饲养可消除原料不良风味，风味更加鲜美；经长途运输的原料躯体消瘦，活养后，可使其恢复元气，提高食用质量。活养时应注意动物的生活习性，提高存活率，提高食用质量。

（八）食品防腐剂保藏法

食品防腐剂是指能抑制原料中微生物的生长、延长保存期的一类食品添加剂。用量小、防腐效果明显，不改变食品原料的色香味，对人体无毒害作用。常用食品防腐剂种类主要有：有机酸及其盐类、苯甲酸及其盐类、山梨酸及其盐类。防腐剂在低浓度时只有抑菌作用，随着浓度增高或作用时间延长则有杀菌作用，但在使用时必须注意不能超过国家规定的最大用量。

第二节 烹饪设备

具备符合烹饪要求的设备和工具是烹饪菜肴的先决条件，是从事烹饪作业最为重要的因素之一。同样是烹饪作业，同样是加工饭菜，在宾馆饭店、集体食堂及家庭厨房是有区别的，这种区别在很大程度上是取决于烹饪的设备和工具的差异性。所以全面了解烹饪的各种设备和工具，熟悉它们的性能、特点、维护与维修保养等常识，便能更好地发挥它们的作用，为烹饪作业创造良好的条件。

一、烹饪设备

烹饪菜肴最基本的设备是炉灶。炉和灶因结构不同，其作用也是不一样的。炉一般有烤炉、烘炉、熏炉、电子炉、微波炉等，是用于烤、熏、焗等菜肴的制作；灶则是用来炒、爆、烧等菜肴制作的设备。烹饪常用的炉和灶有以下几种。

1．炉

厨房里常用的炉分为烤炉、烘炉、熏炉及远红外电烤炉等。

（1）烤炉　用来烤制菜肴原料的烤炉，大部分是用砖砌成的固定炉体，用木柴作为燃料，将原料挂于炉腔内烘烤至熟。烤炉可用来烤鸡、烤鸭、烤肉等。

（2）烘炉　也称平炉。这种炉的炉口宽敞，炉底通风口小。由于这种炉子没有烟道，所以燃料燃烧不快，火力分散且均匀，一般适用于烘、烙菜肴为主或制作点心。

（3）熏炉　大多是封闭式，用茶叶和锯末、白糖等作为熏料。熏制时将菜肴放在铁箅子上，盖上盖，然后用烟熏制。熏炉可用来制作熏鸡、熏鸭、熏鱼等。

（4）远红外电烤炉　用电作热源，靠辐射出来的红外热，将原料由里到外加热成熟。远红外烤炉除可用于烤制主食外，还可用来烤鸡、鸭、鱼、肉等。

（5）电磁炉　也称电磁灶，它无须明火或传导式加热而让热直接在锅底产生，因此热效率得到了极大的提高，是一种高效节能的新型烹饪用具，完全区别于传统所有的有火或无火传导加热厨具。在加热过程中没有明火，因此安全、卫生。适用于蒸、煮、炖、涮、炒的烹饪方法的操作。

（6）微波炉　顾名思义，就是用微波来完成菜肴烹饪的。微波炉是一种用微波加热食品的现代化烹调灶具。因为微波也是一种电磁波，这种电磁波的能量比通常的无线电波大得多，能穿透食物达12厘米深。用普通炉灶煮食物时，热量总是从食物外部逐渐进入食物内部的，要让食物的内部达到100℃以上煮熟食物就需要较长的时间。而用微波炉烹饪时，微波直接穿透入食物的内部，它可以使食物的内部和外表面同时受热，热量在食物的表面和内部任何一个地方同时产生，煮熟一盒米饭，只要几分钟，所以烹饪速度比其他炉灶快4～10倍，热效率高达80%以上。

2．灶

厨房常用的灶按照功能可分为炒菜灶和蒸锅灶等，按照热能来源可分为燃煤灶、燃油灶、燃气灶等。

（1）炒菜灶　其结构形式一般是一面靠墙灶，灶台上分别设有上下水道、油箱、材料箱、汤锅等。炒菜灶主要用于炸、熘、爆、炒、烹。汤锅用于煮汤。根据不同的燃料，灶还可以为鼓风灶、煤气灶、柴油灶等。在城市里，煤气灶使用较广泛，也比较干净。

（2）蒸锅灶　蒸锅灶的结构形式比较多，有吹风灶、抽风灶、柴灶、煤灶，以及单灶、多眼灶等。其共同特点是，灶体大，有烟囱，灶门宽阔，炉膛矮而宽。蒸锅灶的特点是传热快，不粘锅，除可用来蒸煮主食外，主要用来蒸制菜肴。

二、烹饪用具

厨房中常用的工具有锅、勺、手铲等。

1．锅

锅是烹调的主要工具，分蒸、煮锅和炸、炒锅两大类。蒸、煮锅大多用生铁铸成，这类铁锅以青色乌亮无裂缝、无砂眼为佳。炸锅和炒锅分单柄式、双耳式、平底式等。由于炸、炒要求传热快、坚实耐用、重量轻巧，所以，炸锅和炒锅大都用熟铁打制而成，以锅面平滑厚实为佳。

2．手勺

手勺像一圆勺形长柄盛器，柄端装有木手把，它的用途广泛，在烹调过程中，用以投料、翻搅锅中的菜肴和将烹制好的菜品装入容器。手勺的长度，根据烹饪方法不同而有所区别，手勺的柄长有30多厘米。手勺的材质多为铁质，但也有不锈钢制成的。

3．漏勺

漏勺是用来滤油或从油锅及汤锅中捞出原料的工具。漏勺的直径为18～24厘米，勺面多孔。漏勺大多都用铁、铝或不锈钢制成，带有长柄或装有木把。

4．小笊篱

小笊篱用途与漏勺大体相同，是用铁丝、铜丝或竹丝等编成。但小笊篱主要用来捞油渣及碎粒。

5．网筛

网筛主要用来过滤汤和液体调味品中的杂质，分粗、细两种，粗的是用细铁丝编成，用以过滤粗糙的渣子及油中的杂质，细网筛多用细铜网，筛眼细小，供过滤细汁用。

6．手铲

手铲是菜肴烹调过程中用来铲翻原料的工具，铲头因铲菜肴品种不同而分为狭长形或方圆形。手铲柄端部装有木柄，柄长约30厘米，材质分熟铁和不锈钢两种。

7．铁叉

铁叉用来在沸汤中捞取较大的原料，或是涨发肉皮时用以勾拉卷缩的肉皮。叉头前端有分开的两齿，分平形和钩形两种，叉柄长30多厘米，材质分熟铁和不锈钢两种。

8．铁筷子

铁筷子是两根约30厘米长的细铁棍，上端用细铁链相连，与普通筷子相似，但比普通筷子略长，主要用来划散加热中的原料。

9．蒸屉

蒸屉是蒸制菜肴的工具，其规格较多。蒸屉有用竹、木制成的，也有用铝制成的。用竹、木制成的多为圆形，也称为蒸笼；用铝制成的多为长方形。

现代厨师的机械化程度越来越高，各种电动工具、电器设备应有尽有，如厨房电子炉灶、电动厨用刀具、微波炉、电磁炉、快餐电动设备、烘焙设备、制冷设备、冷藏柜、保鲜柜、保鲜铝箔、传菜梯、面条机、饺子机、和面机、洗碗机、制冰机、热水器、排风设备、环保设备等。

思考与练习

1. 烹饪原料的概念是什么？
2. 烹饪原料如何分类？
3. 如何进行烹饪原料的品质检验？
4. 烹饪原料的常用保存方法有哪些，并简明阐述。
5. 阐述常用的烹饪设备和工具。

第四章

烹饪工艺

烹饪工艺是有计划、有目的、有程序地利用炊制工具和炉灶设备，对烹调原料进行切割、组配、调味、烹制和美化，成为能满足饮食需要的菜点的一种手工操作技术。它是研究对烹饪原料进行初加工、切配、调味、加热或腌拌，使菜肴成品符合预期规格风味要求的基础理论和技术知识。

第一节　烹饪的初加工工艺

一般经过选择的烹饪原料还不能直接用于切配和烹调，因为经过选择的原料中有些可能还带有不能食用的夹杂物（如泥土、杂物等），有些局部已变质或有害（如局部发生霉变、虫蛀的蔬菜原料，河豚的有毒部位等），有些则属于干货制品（如木耳、粉丝等），有些原料的某些部位因组织粗老或带有异味而不能食用（如鱼鳞、鱼鳃、黏液、果壳、黄叶、老根等）。烹饪工艺中的初加工工艺，就是将经过选择的烹饪原料中那些不符合食用要求或对人体有害的部位进行清除和整理的一道加工程序。烹饪原料初加工的内容比较复杂，不同的原料往往有不同的加工方法，但其主要的内容是去污、去杂、去废以及活体的宰杀。

随着社会的发展，现在大量的烹饪原料初加工都在厨房以外完成。但在厨房内进行的初加工还有一定的数量；在某些特定的情况下，初加工必须由厨师来完成。

一、鲜活原料的初加工工艺

鲜活原料是活的原料和新鲜原料的合称。像活鸡、活鸽、活鱼、活虾、活扇贝等都属于活的原料，简称活料；而屠宰所得的猪肉、牛肉、光鸡，新采摘的青菜、瓜果，速冻的肉料、水产品等均属新鲜原料，简称鲜料。

将鲜活原料由毛料形态变为净料形态的加工过程称为鲜活原料的初加工。这里的鲜活原料净料形态包括可以直接下锅烹制的最终净料形态，如绝大部分的蔬菜，用于整料烹制的光鸡、光鸽等，也包括需要进一步进行刀工处理（即精加工）、成为合适形状才用于烹制的初级净料形态，如宰杀好的禽鸟、分档取料的净料等。

鲜活原料种类繁多，加工时方法各异，主要有拣择、宰杀、剖剥、拆卸、整理、洗涤等。但是各种原料在加工时都应遵循以下的共同原则：一要符合食品卫生要求；二要保持原料的营养成分；三要尽可能保持原料形状完整、美观；四要保证菜肴的色、香、味不受影响；五要节约用料。

（一）果蔬原料的初加工工艺

果蔬原料的用途广，使用普遍，加工方法也很多。大多数果蔬原料经初加工便可以直接用于烹调，有的还可以生食。

果蔬原料的初加工一般要经过择剔加工、去皮加工、洗涤加工、短暂保存等加工工序。

1．择剔加工

择剔加工是采用择、剥、削、撕、刨、刮、剜等手法，将原料中不能食用的老根、黄叶、外壳、籽核、筋质、内瓤、虫斑等部位剔除，为原料的进一步加工做好清障工作。

2．去皮加工

许多根茎类蔬菜和鲜果原料要经过去皮加工，去皮的方法因原料的不同而不同。去皮加工要注意掌握正确、快速的去皮方法，同时要保证原料的完整形态。

3．洗涤加工

大多数果蔬原料经过择剔加工处理后仍需要进行洗涤加工，以进一步去除原料中的泥沙、杂物，特别是肉眼看不见的化学污染物质。有一些豆荚类的原料，虫卵往往生长在原料的内部组织中，通过择剔加工并不能将它们完全去除干净，但通过合理的洗涤加工则可以将它们完全去除干净，所以洗涤加工也是确保食用安全和卫生的重要环节。

洗涤加工要注意保护营养素，尤其是水溶性的维生素和无机盐。除要先洗后切外，还要注意洗涤时动作要轻柔，切不可用力搓揉或挤压，以免破坏原料的组织结构，致使养分流失。

4．短暂保存

果蔬原料经过择剔和洗涤后，比加工前更容易发生变色、变味，因此，还需要对它们短暂保存，以保色和保鲜。对加工后容易发生褐变反应的原料，应立即浸入冷水或稀释盐水中护色，需要注意的是，水泡的时间不宜过长，以免水溶性营养素大量流失。洗涤单宁含量高的原料时要注意用具的选择，因为单宁遇铁、碱易变黑。洗涤以后的果蔬原料应先放在网格上面沥去水分，但不宜堆放过紧、过实，更不能将湿的原料封在塑料袋中，这样很容易变味；也不能将原料放在炉台边或阳光下，温度偏高会使原料干缩枯萎，失去爽脆的质感。一般冬季可以放在室内，夏季应等水分沥干后放入冷藏柜中保存，但温度不能低于0℃，以免冻伤后影响菜肴的质感和口味。

（二）禽畜原料的初加工工艺

1．禽类原料的初加工

（1）工艺流程　禽类原料初加工的一般工艺流程见图4-1。

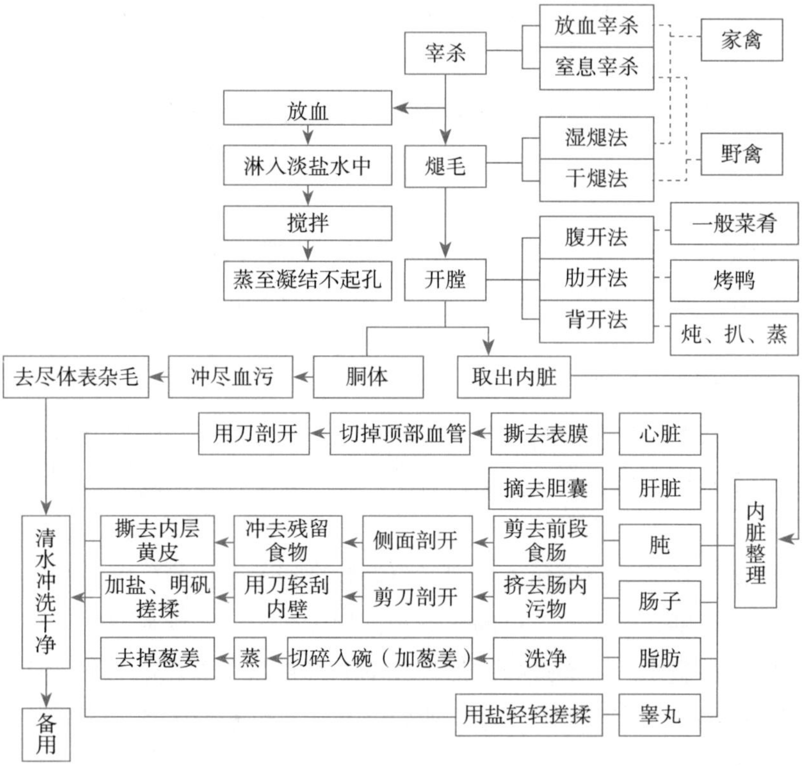

图4-1　活禽初加工的一般工艺流程

（2）加工方法　禽类原料初加工的方法基本相同。鸡、鸭、鹅的初加工，一般包括宰杀、放血、烫水、去毛、开腹取内脏（部分不开腹）及内脏洗涤等工序。

禽类原料去毛方法有两种：一是干拔，即鸟禽死后趁其身体温热将毛拔去，也可连皮剥去；二是用热水烫后再拔。烫时应根据季节和禽类原料的老嫩掌握好水的温度，温度低不容易烫毛，但温度过高又会破坏表皮。一般来说，老禽烫毛水温在

90～95℃为宜，嫩禽在70～85℃为宜。

拔毛之后再根据烹制菜肴要求，开腹或开背取出内脏洗净。禽类开膛取内脏的方法要根据烹调的需要而定，一般有腹开法、肋开（腋开）法、背开（脊开）法三种。

腹开是先在煺尽羽毛的禽的颈右侧的脊椎骨处开一刀口，取出嗉囊，再在肛门与肚皮之间开一条6～7厘米长的刀口，由此处轻轻拉出内脏，然后用清水洗净。这种方法处理后的禽体适用于块形小的烹制要求，如切片、丝、丁、块等。

肋开是在禽的右翅腋下开一小刀口，然后由刀口处取出内脏；同时在颈右侧开口把嗉囊拉出，冲洗干净。这种开法适用于烤鸡或烤鸭。

背开是左手按住禽身，使禽的脊背朝右，右手执刀，由臀尖处插入刀尖用力劈至颈骨处，取出内脏和嗉囊，冲洗干净即可。这种方法适用于整只禽体制作的菜肴，如蒸、扒、炸等，成品装盘时腹部朝上。用背开法既看不出裂口，又显得丰满，较为美观。

以上三种取内脏的方法，都应注意操作中不能碰破肝脏和胆囊，不然会影响菜肴的质量和味道。鸭、鹅的肛门上有1根叉肠和2根臊筋，臭味很大，宰杀时应把叉肠拉出，臊筋割掉，但做烤鸭、烤鹅时，臊筋可以不用去除，以免烤制时油从这里流失。

2．畜类原料的初加工

畜类原料的初加工大多在专门的屠宰加工厂进行，厨房一般仅对其整理和洗涤。

（1）畜肉的修整及洗涤　修整是为了去除畜肉上能够使微生物繁殖的任何损伤、淤血、污秽物等。首先应割除残余脏器、带血黏膜及横膈膜；修去粗组织膜，修除颈部淤血肉、伤肉、黑色素肉；割除粗血管、有害腺体、脓包、皮肤病伤痕，然后修除残毛、浮毛，刮去污垢；再用清水冲洗（冬天宜用温水），使外观清爽整洁。

（2）畜类副产品的整理与清洗　畜类的副产品原料又称下水或杂碎，主要包括头、尾、蹄、内脏（肝、心、肾、胃、肠、肺）、血液、公畜外生殖器等。

① 肾脏：先撕去外表膜，然后根据烹调菜肴的要求，再进一步加工。如果用于炒、爆、熘等快速加热方法的菜肴，则可用刀从肾脏侧面平批成两半，再分别批去腰臊。如果用于炖、焖一类的菜肴，则加工时应先在肾脏上剞深刀纹，刀深至腰臊，然后焯水，使腰肌收缩并将血污和臊味从刀纹处排出，再用清水洗净后进行炖制，长时间的炖制可完全去除挥发性的异味。羊肾和马肾的皮质与髓质合并，不易去除髓质，烹调中利用不多。

② 胃（肚）：用盐醋搓揉，再里外翻洗，使里外黏液脱离，修去内壁的脂肪，用清水反复冲洗。

③ 肠：畜类的肠有小肠和大肠，小肠多做肠衣，大肠用于烹调菜肴。肠的整理与清洗同胃（肚）一样，也是利用盐醋搓揉、里外翻洗和焯水后再清洗的方法。

④ 肺：将水从主肺管注入，等肺叶充水胀大、血污外溢时，用双手轻轻地拍打

肺叶，直到外表银白、无血斑时，倒提起肺叶，使血污流出；然后焯水，再将主要肺管切除、洗净。

⑤ 心脏、肝脏：先将心脏顶端的脂肪和血管割除，然后剖开心室，并用清水洗去淤血即可；肝脏则要用刀修去肝叶上的胆色肝，批去肝上的筋膜，用清水洗去血液、黏液为止。

⑥ 脑：先用牙签剔去脑的血筋、血衣，然后盆内放些清水，左手托住脑髓，右手泼水轻轻地漂洗，按此方法重复3～4次，直到水清、脑中无异物脱落时即可取出。洗涤时，要十分小心，稍有不慎，破坏了保护膜，脑髓便会溢出，使原料破损，所以切不可用水直接冲洗。

⑦ 舌：用沸水泡烫至发白，再用小刀刮剥去白苔，然后用清水洗去血污，并用刀切去舌的根部，尤其要去除舌根背侧的舌扁桃体。

（三）水产类原料的初加工工艺

1．鱼类原料的初加工

鱼类原料的初加工一般要经过宰杀、体表清理、体内整理等主要工序（图4–2）。

（1）宰杀　宰杀主要用于鲜活鱼类，如黄鳝、河鳗、海鳗等的初加工。

（2）体表清理加工　体表清理加工就是将鱼体外表的鳞片、黏液、沙砾等不能食用的部分去除干净。加工时要根据鱼的体表特征选择具体方法，不要破坏鱼体的完整。

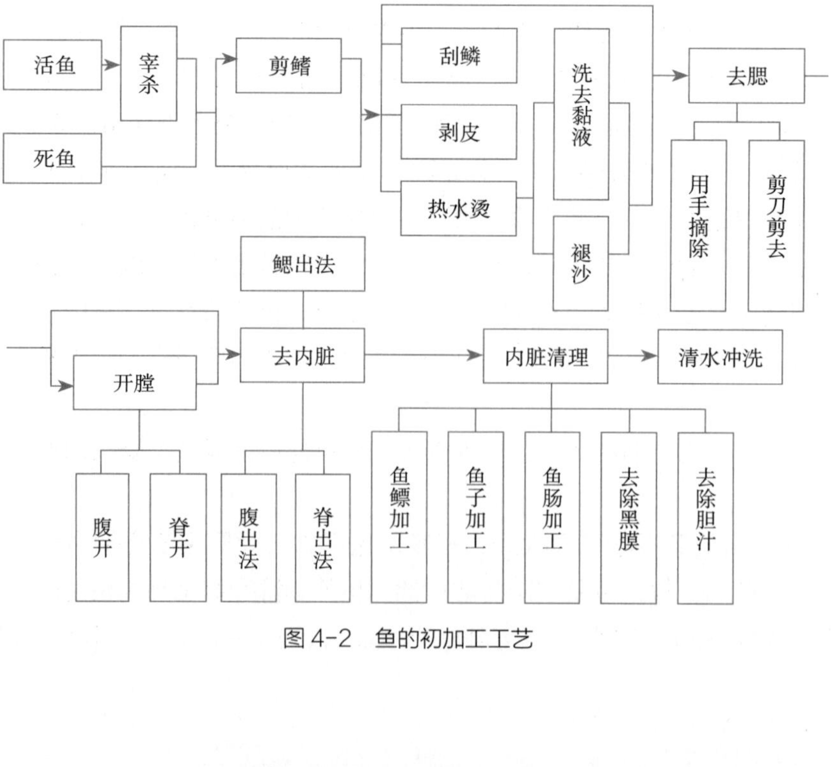

图4–2　鱼的初加工工艺

① 剪鳍：根据加工需要，有些鱼要将部分鳍剪掉。剪鳍时要注意，有些鱼的鳍扎手，有些鱼（如鳜鱼）的鳍棘具有毒腺，被刺伤后可引起肿痛，甚至发热、畏寒等症状，一定要小心。

② 刮鳞：用刀或特制的耙，从鱼尾至头逆鱼鳞生长方向刮去鳞片，注意头部和腹部的小鳞片也必须刮除干净。鱼皮质地较嫩，特别是头部的形状不平整，容易划破表皮，加工时要控制好力度和深度。鲥鱼鳞片中含有较多脂肪，烹调时可以改善鱼肉的嫩度和滋味，应该保留。

③ 去鳃：形体较小的鱼可直接用手摘除，形体较大或骨刺坚硬有毒的鱼去鳃时，要用剪刀剪断鳃弓两端，然后取出。

④ 剥皮：主要用于鱼皮粗糙、颜色不美观的鱼类（如鳎目鱼）加工。一般方法是：有鳞片的先刮鳞，然后在靠近鱼头处割一浅刀口，割破鱼皮，剥起鱼皮并用力撕下，再除去鳃和内脏，洗涤干净即可。

⑤ 去除黏液：无鳞鱼的体表有发达的黏液腺，这些黏液有较重的腥味，而且非常黏滑，不利于加工和烹调。黏液去除的方法应根据烹调要求和鱼的品种而定，一般有浸烫法和盐醋搓揉法两种。

⑥ 褪沙：主要用于加工鱼皮表面带有沙粒的鱼类，例如鲨鱼。具体方法是：将鱼放入热水中烫泡，待沙粒能褪起时，立即捞出，根据鱼皮的老嫩分别采用小刀、软布或用手褪沙。沙粒褪净后要洗涤干净，再进行其他初加工。

鱼类原料的品种很多，初加工的方法因具体品种的不同而有一定差异。

（3）体内加工如下。

① 开膛去内脏：选择开膛部位时要根据菜品的要求进行，表4–1是几种常见的开膛去内脏的方法。

表 4–1　几种常见的开膛去内脏的方法

部位	加工方法	适用菜例
脊出法	用刀从鱼背处沿脊骨剖开，将内脏从脊背内掏出	荷包鲫鱼、清蒸鲫鱼等
腹出法	用刀从腹部剖开（不能划破鱼胆），将内脏从腹部取出	红烧鱼、松鼠鱼、炒鱼片等
鳃出法	用 2 根筷子从嘴部插入，通过两鳃进入腹腔将内脏搅出（切断肛肠）	叉烤鳜鱼、干煎黄鱼等

② 内脏清理：鱼的内脏中，除鱼鳔、鱼肠、鱼子外一般都不能作为烹饪原料，个别原料在制作特色菜肴时可保留某些部位，但必须经过卫生性的加工处理后才能使用。

• 鱼鳔：鳔是位于鱼的体腔背面的大而中空的囊状器官，多数硬骨鱼类都有鳔，软骨鱼类则无鳔。鳔的胶原蛋白含量丰富，是很好的食用原料，特别是鱼鳔、黄鱼鳔更是鳔中上品。加工时应先将鱼鳔剖开，用少量的盐搓揉一下，再用沸水略烫，洗净后即可。

• 鱼肠：鱼肠一般不作为食用的原料，只有少数菜肴需要保留，如扬州的名菜“将军过桥”，但也只取咽部下端较肥厚的一段。加工时用剪刀剖开，加盐搓洗后入沸水略烫，再用清水洗净。

• 鱼卵：在鱼卵中加4%的盐水，用木棍搅动，使衣膜与卵脱离，滤出卵衣膜即可。大麻哈鱼的红鱼子、鲟鱼的黑鱼子都是上等美味，但应注意鱼卵营养虽然丰富，如食之不当，则易引起中毒。如北方的狗鱼、鲇鱼，南方的斑节光唇鱼，青海湖的湟鱼等鱼卵均含有毒素，不能食用。

• 去除胆汁：胆囊位于鱼腹外侧，剖腹时容易将其划破，如不及时处理，整个菜肴都会带有苦味。

• 去除黑膜：鱼的腹腔壁内黏附着一层黑色的薄膜，带有异腥味，且影响菜肴的美观，但它与腹壁粘连较紧，清水冲洗并不能将其去除，加工时要用小刀轻轻刮除。

2. 其他水产原料的初加工

（1）虾、蟹的初加工　对虾的清理与加工可分为五步进行：剪除虾须、虾枪、虾眼→剪去附肢→取出沙肠→摘除沙包（虾胃）→漂洗干净。即第一步用剪刀齐虾眼剪除虾须、虾枪、虾眼；第二步剪去所有附肢；第三步在虾背部中间处开一刀口，取出沙肠或在虾腹部第二节靠近背部插入牙签挑出沙肠；第四步揭开头胸甲，摘除沙包（虾胃）；第五步将虾放入清水中漂洗干净备用（不可用水冲洗，否则虾黄将被冲掉）。其他种类的虾加工方法相同。

蟹类初加工的程序一般是：静养→刷净污物→挤出粪便→清水冲洗净。即在加工前，应将其静养于清水中，让其吐出泥沙，然后用软毛刷刷净骨缝、背壳、毛钳上的残存污物，最后挑起腹脐，挤出粪便，用清水冲洗净即可。

（2）蛏、蛤蜊的初加工　蛏、蛤蜊初加工的程序一般是：冲去泥沙→盐水浸泡→清水冲洗。即先将鲜活的蛏、蛤蜊用清水冲去外壳的泥沙，然后浸入2%的食盐液中，静置40～80分钟，使其充分吐沙，体形较瘦的吐沙速度慢一些，烹调前用清水冲洗即可。烹调时既可带壳（将闭壳肌割断），也可取净肉食肉，但外壳破裂或死蛏应剔除。

（3）蛙的初加工　蛙是两栖类动物的典型代表，分头、躯干和四肢三部分。蛙类捕食害虫，是农田、林区的保护者，因此野生的蛙类禁止捕食，作为食用对象的仅牛蛙、虎斑蛙、林蛙等，尤以牛蛙为多见。其加工程序一般为：摔死（击昏）→剥皮→剖腹→整理内脏→洗涤。

蛙摔死（击昏）后，从颌部向下剥去皮，用刀竖割开肚腹（小蛙可直接从腹下端撕开），整理内脏，仅保留肝、脾、胰与心以及菊花形油脂，其他包括肠、胃、肺、胆、膀胱等一概除去。剪去蛙头、前指，洗净待用。

（4）活海参的初加工　将活海参从腹部或背部剥开，取出肠子（注意：海参肠子可以清理干净，可食用），洗净，将海参放入高压锅，加适量水，小火煮沸，高压15分钟，闭火，待自然凉透，换清水，浸泡1～2天，即可食用。

二、干制原料的涨发工艺

干制原料涨发也称干料泡发，就是用不同的加工方法，使干制原料重新吸收水分，最大限度地恢复其原有的形态和质地，同时去除原料中的杂质和异味，便于切配、烹调的原料加工方法。

干制原料的涨发过程，是鲜活原料干燥脱水的逆过程，但并不是干燥脱水过程的简单反复。这是因干燥过程中所发生的某些变化并非可逆。干制原料复水性下降，是有些细胞和毛细管萎缩和变形等物理变化的结果，但更多的还是胶体中物理变化和化学变化所造成的。烹饪原料失去水分后，盐分增浓和热的影响会促使蛋白质部分变性，失去了再吸水的能力或水分相互结合的能力，同时还会破坏细胞壁的渗透性。细胞受损伤（如干裂和起皱）后，在复水时就会因糖分和盐分流失而失去保持原有饱满状态的能力。正是这些以及其他一些化学变化，降低了干制原料的吸水能力，达不到原有的水平，同时也改变了烹饪原料的质地。

烹饪原料脱水干制时蒸发掉的水分主要为机械结合水和部分渗透结合水，涨发是通过改变其干制原料的周围环境（如温度、pH），使之最大限度吸收水分；或将干制的原料在高温或加压的条件下进行水分子汽化，使之体积增大，形成小气室，再进行复水的过程。

干制原料的涨发主要表现为干制原料复水的过程。干制原料一般都在复水（重新吸回水分）后才食用。干制品的复水性就是新鲜食品原料干制后能重新吸回水分的程度，一般常用干制品吸水增重的程度来衡量，烹饪行业中用涨发率表示。干制品的复原性就是干制品重新吸水后质量、大小和形状、质地、颜色、风味、成分以及其他各个方面恢复原来新鲜状态的程度。

（一）干制原料涨发的工艺流程

干制原料的涨发一般要经过涨发前的加工、正式涨发、涨发后的浸漂保存等工艺过程（图4-3）。

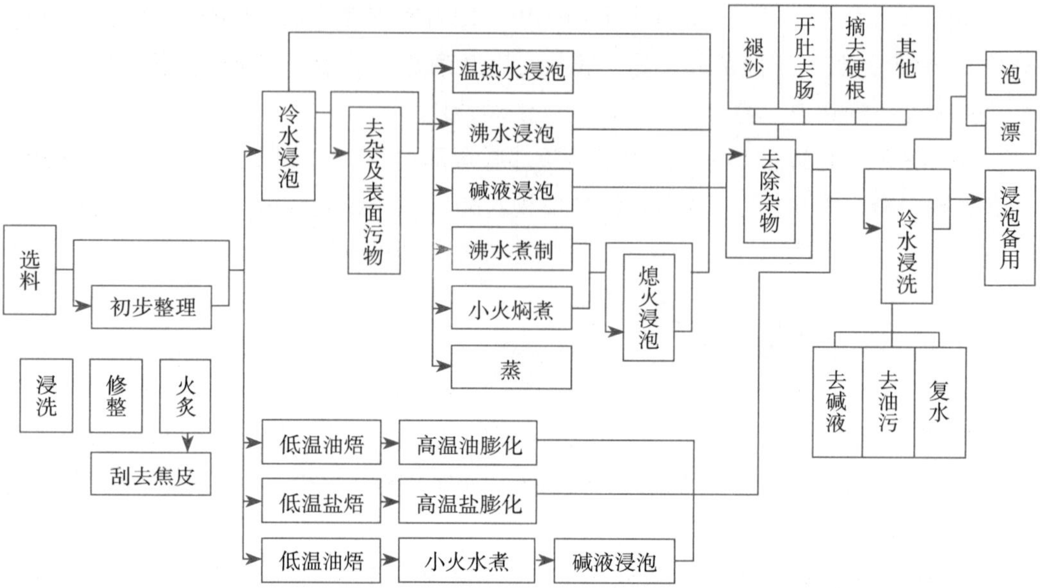

图 4-3　干制原料涨发的一般工艺流程

1．涨发前的加工

干制原料在正式涨发前要经过一定的加工过程，目的是为正式涨发扫除障碍、提供条件。主要的加工方法有浸洗、烘焐、烧烤以及对原料的初步修整等。

2．正式涨发

在这一阶段，干制原料基本涨大，形成疏松、饱满、柔嫩的质态，达到干料涨发特定的品质要求。主要的加工方法有碱溶液浸发和煮、焖、蒸、泡及油炸、（盐）炒等。

3．涨发后的浸漂保存

这是干料涨发过程的最后阶段，干料达到最终充分膨胀、吸水而松软的质量要求，并通过进一步的清理，去除杂质，洗涤干净，从而符合卫生的需要。此过程仅限于纯净水的浸发方法。

（二）干制原料的涨发方法

干制原料的涨发方法，根据使原料涨大的主要介质不同，可分为水发、蒸发、碱发、油发、盐发等（表4–2）。其中，水发是最基本的发料方法，其他方法大都离不开水发。有人将火发归为涨发的一种类型，实际上火发是有些原料在正式涨发之前的加工处理，是用火烧去原料粗劣的外皮，以便于正式涨发，如乌参、岩参的涨发。另外，根据使原料涨大的原理，可分为水渗透涨发和热膨胀涨发；根据涨发的次数，可分为一次性发料和多次反复发料。

表 4-2　常见干料涨发方法

<table>
<tr><th colspan="3">方法</th><th>适用范围</th><th>原理</th></tr>
<tr><td rowspan="6">水发</td><td rowspan="2">冷水发</td><td>浸发</td><td>适于体小质嫩的干料，可直接用冷水浸透，如香菇、口蘑、银耳、木耳、黄花菜等</td><td rowspan="9">水渗透涨发</td></tr>
<tr><td>漂发</td><td>用于整个发料过程的最后，如海参、鱼皮、鱿鱼等涨发的最后一道工序是漂发</td></tr>
<tr><td colspan="2">温水发</td><td>适于冷水发的原料一般适于温水发，特别是在冬季</td></tr>
<tr><td rowspan="3">热水发</td><td>泡发</td><td>适于体小、质微硬、略有杂质的干料，如银鱼、粉丝、干粉皮、脱水菜等。泡发还可以和其他发料方法配合使用，如猴头蘑、莲子、海参等涨发需先泡，以免干料煮、焖、蒸发后破裂</td></tr>
<tr><td>煮发</td><td>适于体大厚重和特别坚韧的原料，如海参、蹄筋等</td></tr>
<tr><td>焖发</td><td>适用于体形大、质地坚实、腥臊臭异味较重的干料，如牛筋、某些海参以及鲜味充足的鲍鱼和淡菜等</td></tr>
<tr><td colspan="3">蒸发（也可属热水发）</td><td>适于一些体小易碎易散的干料，如干贝、虾干、鱼唇、鱼骨、莲子等。蒸发也可作为煮发、焖发的后续过程，如鱼皮、海参、鲍鱼、蹄筋初步涨发后，可再用蒸发使其发透</td></tr>
<tr><td rowspan="2">碱发</td><td colspan="2">碱水发</td><td rowspan="2">适于一些热水难以发透、肉质不易回软、质地特别坚硬的干料，如鱿鱼干、墨鱼干等</td></tr>
<tr><td colspan="2">碱面发</td></tr>
<tr><td colspan="3">油发</td><td>适于油发的干制原料，主要是含胶原蛋白丰富的蹄筋、干肉皮、鱼肚等</td><td rowspan="2">热膨胀涨发</td></tr>
<tr><td colspan="3">盐发</td><td>适于盐发的原料，主要有干猪蹄筋、肉皮、鱼肚等</td></tr>
</table>

1. 水发工艺

水发在干制原料涨发中应用范围最广。即使采用其他涨发方法，也必须再用水发处理。

（1）冷水发　冷水发是将干制原料放在冷水中，使其自然吸收水分，尽可能恢复新鲜时的软嫩状态，或漂去干料中杂质和异味的方法。冷水发可分为浸发和漂发两种。

① 浸发：就是将干制原料直接用冷水浸没，使原料自然涨发的一种方法。浸发的时间长短要根据干料的大小、老嫩、松软和坚硬程度而定。一般体小质嫩的干料可直接用冷水浸透，如香菇、口蘑、银耳、木耳、黄花菜等。质地较老或带有涩味的蕈类，如草菇、黄菇等，在浸透后最好漂洗几遍（漂洗次数不宜过多）。在冬季或急用时，可在冷水中适当加些热水。在温度较高的环境中，涨发时要勤换水，以免干料腐烂变质。

② 漂发：就是把干料放在水中，不时地挤捏，或者用流水缓缓地冲，让其继续

吸水并除去杂质和异味的一种方法。漂发用于整个发料过程的最后，如海参、鱼皮、鱿鱼等涨发的最后一道工序是漂发，目的是除去其腥臊气味、杂质和碱味。

冷水发还可作为其他发料方法的配合措施，是油发、盐发、混合涨发方法的最后加工，最终使干料完成充分吸水膨胀过程，符合制熟的需要。

（2）热水发　热水发就是把干料放在热水中，或采用各种加热方法，使干料体内的分子加速运动，加快吸收水分，使之成为松软嫩滑的全熟或半熟的半成品的方法。热水发一般使水温保持在60℃以上。依据加热方式，热水发又细分为泡发、煮发、焖发和蒸发。

① 泡发：就是把干料放入热水中（或将干料置于容器中，用热水直接冲入容器中）浸泡，使原料受热迅速膨胀的方法。操作中应不断更换热水，以保持水温。泡发适于一些体小、质微硬、略有杂质的干料，如银鱼、粉丝、干粉皮、脱水菜等。泡发还可以和其他发料方法配合使用，如猴头蘑、莲子、海参等涨发需先泡，以免干料煮、焖、蒸发后破裂。泡发时应不断更换热水，以保持水温。夏天泡发水温可适当低些。适用于冷水浸发的干料，也可用热水泡发。

② 煮发：是将干料放入水中，在火上加热，使水温保持在沸点状态下（这时水分子热运动速度达到最大值，强力地向干料体内渗透），促使原料加速吸水的一种涨发方法。对体大厚重和特别坚韧的原料，如海参、牛蹄筋等，还需适当保持一段微沸状态。时间10～20分钟不等，有的还可反复煮发；但不能一次性长时间煮发，而产生外部水化过快、内部水化不够的不平衡状态。另外，在煮前要用冷水或热水泡一段时间，以免烧煮时原料皮面破裂。

③ 焖发：将原料置于密闭容器中，保持在一定温度上，使原料内外涨发平衡的过程称为焖发。焖发实际上是煮发的后续过程。某些原料不能一味地用煮发方法进行涨发，否则会使外部组织过早发透，外层皮开肉烂，而内部组织仍未发透，影响涨发后原料的品质。此法适于体形大、质地坚实、腥膻臭异味较重的干料，如牛筋、某些海参以及鲜味充足的鲍鱼和淡菜等。焖发的温度因物而异，一般为60～85℃不等。传统的方法是用微火保温或将煮发后干料置于保温设备中，如保温箱或桶。

④ 蒸发：就是把干料放入盛器内，加入少量水或鸡汤、料酒等，置笼中加热，利用水蒸气使干料发透。蒸发的原理与煮、泡、焖相似，所不同的是蒸发是利用水蒸气加热，避免了原料与水接触，有利于保持鲜味干料的本味和干料外形的完整。此法适于一些体小易碎易散的干料，如干贝、虾干、鱼唇、鱼骨、莲子等。蒸发也可作为煮发、焖发的后续过程。

2．碱发工艺

碱发有碱面（纯碱）发和碱水发两种方法。碱面发就是在用冷水或温水将泡至回软、剞上花刀切成小块的原料上沾满碱面（大块碱可先制成粉末），涨发时再用开水冲烫，成形后用清水漂洗净碱分；但这种方法已不常用。碱水发是将干料放入配制好的碱溶液中，使之浸发涨大。发前一般应将干料用清水浸泡回软，然后再放入碱水中泡发，这样可以减轻碱溶液对原料的直接腐蚀。用碱水泡发后，须将原料用清水漂洗，以去除碱液和腥味；原料在排出碱水的同时，吸收清水而膨胀发起。

3．油发工艺

油发就是把干制原料浸入油中加热，使其组织膨胀疏松，然后再吸水回软的涨发方法。

（1）原料选择 适合油发的干制原料主要是含胶原蛋白丰富的蹄筋、干肉皮、鱼肚等。

（2）低温油焐 将干料置于恒温的多量油中浸泡一段时间的过程，称为油焐。油焐的温度与时间上视具体原料而定，一般来说，原料薄小较干的应温度略高，时间也短；厚大而稍湿的则温度略低，时间较长。

（3）高温油膨化 将油温逐渐提高到120℃左右，原料逐渐由软变硬，开始发生膨化，并慢慢浮到油面。随着油温的继续升高（不超过150℃，可用加凉油的方法控制油温）和时间的延长，膨化越来越明显，直到原料组织从外到里全部膨松，即发透。

（4）浸漂 原料在油中加热至膨松后只是半成品，还需经浸漂使之自然吸水而柔软蓬松。原料回软后，反复用清水揉洗去除碱味。对炸发后原料不宜采用80℃以上热水泡发，因为热水会使之塌缩，胶原纤维失去支持力，从而影响吸水率，伤害油发原料的体质。

4．盐发工艺

盐发是将干料埋入已加热的盐粒中继续加热，使干料膨胀松脆成为半成品，然后再吸水回软的干料涨发方法。发制时，先将盐下锅炒热，蒸发出水分。待发出爆裂声时，即可将干料放入翻炒，边炒边焖，发透为止。盐发后须用热水泡，使膨胀后的原料回软，并清除盐分、油分和杂质。

（1）预热盐 将盐加热至80～100℃，使盐中水分蒸发，有盐爆声温度可达110℃。

（2）焐发 待盐中水分蒸发后，即可投进干料翻焐，盐量应多于干料5倍以上，将其完全淹没。由于盐经预热，故极干燥，能将干料中自由水、束缚水迅速吸出并蒸发，从而以较快的速度破坏料体内维系蛋白质空间结构的键链。因此，在盐中的焐发时间一般短于油焐1/3～1/2的时间。将原料翻匀受热后即用小火保温焐制，至干料质量减轻而干脆时，即可炒发。

（3）炒发 当焐发完成后，即改用高温加热，迅速将原料翻炒，使干料中结构水充分气化，干料体逐步膨松胀大呈多孔构象，这时盐温可高达210℃以上。干料中胶原纤维由于水分的完全丧失而显得极脆，呈不可逆变性。因此，炒发后干料的外部与内部构象与油发品相似。

（4）浸漂复水　炒发后的干料也是半成品，与油发一样还需用自然水浸漂复水回软，其多孔的结构像海绵一样为吸水提供了有利的条件。

第二节　刀工工艺

烹饪原料经过初加工后，有些可直接进入配菜工序，但对于某些整只、大型的原料，必须将其分割成更小的、具有相对独立意义的部件或形状，即经过刀工处理，才能进入下道工序。

刀工工艺在整个烹调工艺流程中具有重要地位。原料经过刀工工艺后，由整形单一成为复杂多样，由厚大成为薄小，由粗糙成为精细，从而缩短成熟时间，方便入味，利于咀嚼和消化，在各个方面充分发挥原料的性能作用，扩大原料在烹调加工中的使用范围，多方位体现各种烹饪原料的品质优点，满足人们对菜肴的多种需求。

一、刀工

1．刀工的概念

刀工是指根据烹调、食用和美化的要求，运用一定的刀具和行刀技法，将原料加工成组配菜肴所需的基本形状的操作过程。

2．刀工的基本要求

（1）根据原料的不同性质，选择不同的刀法　刀工应根据原料性质的不同灵活掌握，区别对待。如牛肉质地老而肌肉纤维粗，要顶着肌肉纹切丝（顶纹切）；鸡脯肉质地松嫩，易断裂，要顺着肌肉纹切丝（顺纹切）；猪肉质地介于二者之间，则要斜着肌肉纹切丝（斜纹切）。韧性较强的猪肉、牛肉丝可以切得细一点；质地松软、韧性较差的鱼肉就要切得粗一点，以防烹调时断、碎。

（2）适应菜肴和烹调的要求　我国菜肴品种丰富，烹调方法繁多，有的用旺火短时间烹制，有的用小火长时间烹制，因此，原料的刀工处理要符合菜肴和烹调的要求。一般来说，对爆、炒等旺火速成的菜肴，原料要切得小些、细些、薄些；对焖、炖等小火长时间加热的菜肴，原料要切得大些、粗些、厚些。再如，香酥里脊丝与清烩里脊丝，前者口味酥脆，后者则口味鲜嫩。这就要求前者的里脊丝要切得粗些、长些，以防止里脊丝过于细短经油炸收缩后显得更细短，变得老而无味；后者则要切得细些、短些，以达到鲜嫩、美观的目的。

（3）原料成形要整齐划一，均匀一致　对原料进行刀工处理时，要做到成形大小均匀、厚薄一致、粗细相当、长短相等、形状相似；否则，在加热调味过程中，过薄、过小、过细的原料先成熟、先入味，过厚、过大、过粗的原料后成熟、后入味，等到粗的、厚的原料成熟或入味时，细的、小的原料就早已过了火候。此外，将原料切成丝、片、条、丁、粒、末等形状时，相互之间要分开，不可连刀。如要连刀剞花，则刀距及刀纹的深浅和倾斜角度要均匀一致；否则，既不利于烹调，也不美观，不便于食用。

（4）合理用料，物尽其用　合理使用原料、减小损耗、降低成本，是烹调工艺的一条重要原则，刀工操作更应遵循这一原则。在加工处理原料时，要充分考虑原料的用途；下刀时要心中有数，合理用料，做到大材大用、小材小用、合理分用、充分利用；对刀工处理后的边角碎料，也应物尽其用、精打细算，充分发挥其经济效用。总之，一切可利用的原料，都要充分合理地加以利用，不应随意抛弃。

（5）符合卫生要求，力求保持营养　刀工操作中，要注意生熟原料要分墩、分刀操作，注意刀工操作环境及个人的卫生，养成干净、快捷、利落的操作习惯，刀、砧墩及其周围的原料、物品要保持清洁整齐。

3．刀工的作用

（1）便于食用　绝大多数烹饪原料的形体都较大，不便于直接烹调和食用，经过刀工处理对原料进行分割，加工成小型的丁、丝、片、条、块等，方可便于食用。

（2）便于调味　在使用调味品调味时，形体大的原料难以入味，经刀工处理的小型原料则非常便于调味。

（3）便于加热　中式烹调善于制作旺火速成的菜肴，即用旺火进行短时间加热。形体较大、较厚的原料不便于迅速加热至熟。经刀工处理，将原料形状改小，即可适合快速加热、短时间成熟的烹调方法。

（4）美化菜肴形态　刀工对菜肴的形态和外观起着决定性作用。原料经刀工处理后，可呈现出各种形体，整齐、均匀、多姿的刀工成形，可增加菜肴的花色品种，达到美观与实用有机结合的效果。尤其是运用剞刀法，在原料表面剞上各种刀纹，经加热后便会卷曲成各种美观的形状，使菜肴的形态丰富多彩。

（5）提高嫩度，改进质感　肉中纤维的粗细、结缔组织的多少及含水量等都是影响动物性烹饪原料质地鲜嫩的内在因素。菜肴质嫩的效果，除依靠相应的烹调方法及挂糊、上浆等施调方法以外，也可通过机械力加以改变而取得。例如，运用刀工技术将各种动物性烹饪原料加工处理（如采用切、剞、捶、拍、剁等方法）成体积大小不同、剞上花纹而呈形态各异的形状，使纤维组织断裂或解体，扩大肉的表面积，从而使更多的蛋白质亲水基团暴露出来，增加肉的持水性，再行烹制，即可取得肉质嫩化的效果。

（6）丰富菜肴，增加品种　运用各种刀工刀法，可以把各种不同质地、不同颜色的原料加工成各种不同的形状，再辅之以拼摆、镶、嵌、叠、卷、排、扎、酿、包等手法，即可制成各式各样造型优美、生动别致的菜肴。可见，菜肴数量、品种的增加与刀工的运用和作用是分不开的。

二、刀法

1．刀法的概念

刀法是根据烹调和食用的要求，将各种烹饪原料加工成一定形状的行刀技法。

2．刀法的种类

刀法的种类很多，各地的名称和操作要求也不尽相同。一般分为基本刀法、剞刀法和其他刀法三大类。

（1）基本刀法　基本刀法是指在行刀过程中，刀面与原料（或砧墩面）始终成一定角度的刀法。通常根据所成角度的大小可分为直刀法、平刀法和斜刀法三种。

① 直刀法：是指刀具与墩面基本保持垂直角度运动的刀法。这种刀法依据用力大小的程度，可分为切、剁、砍三类。

• 切：一般适用于无骨的原料。其一般操作方法是：左手按稳原料，右手持刀，对准原料向下用力使原料断开。根据原料性能及操作者的行为习惯不同，又可分为直刀切（又称跳切）、推刀切、拉刀切、推拉刀切、锯刀切、滚料切（行业称滚刀切）、铡刀切等多种不同的刀法。

• 剁：也称斩、排，就是在原料的某一处上下垂直运刀，并多次重复行刀，需要在运刀时猛力向下的刀法。一般分排剁、刀尖（跟）排和刀背排（捶）等几种。

• 砍：又称劈，是只有上下垂直方向运刀，在运刀时猛力向下的刀法。根据运刀方法的不同，又分为直刀砍、跟刀砍、拍刀砍等几种。

② 平刀法：是指刀面与墩面平行，刀保持水平运动的刀法。运刀要用力平衡，不应此轻彼重，而产生凹凸不平的现象。依据用力方向不同，这种刀法可分为平刀直片、平刀推片、平刀拉片、平刀抖刀片、平刀滚料片等。

③ 斜刀法：是一种刀面与墩面呈斜角，刀做倾斜运动，将原料片开的刀法。这种刀法按刀的运动方向与砧墩的角度不同，可分为斜刀拉片（也称正斜刀法、正刀批、斜刀片等）和斜刀推片（也称反斜刀法、反刀批、反刀片等）两种方法。

（2）剞刀法　剞刀，有雕之意，所以又称剞花刀，就是在原料表面上切割横竖交叉深而不断（一般为原料的2/3或4/5左右）的各种花纹，经过烹调后，可使原料卷曲成各种形状（如麦穗、菊花、玉兰花、荔枝、核桃、鱼鳃、蓑衣、木梳背等）的刀法。根据运刀方法的不同，剞刀法可分为直刀剞、斜刀剞和平刀剞等。

① 直刀剞：直刀剞与直刀切相似，只是刀在运行时不完全将原料断开，根据原

料成形的规格，刀进深到一定程度时停刀，在原料上剞上直线刀纹。也可结合运用其他刀法加工出蓑衣黄瓜、齿边白菜丝、鱼鳃块等各种形状。

• 直刀直剞：直刀直剞与直刀切相似。区别之处在于，直刀直剞没有将原料切断，而是切到一定深度后即停刀，剞进原料的深度视原料、花刀的种类不同而有所区别。直刀直剞要求刀纹深浅一致、刀纹间距离相等。这种刀法适用加工各种脆性原料，如黄瓜、茄子、南瓜等，以及质地较嫩的韧性原料，如腰子、鱿鱼、黄鳝等。

• 直刀推剞：直刀推剞与推刀切相似。区别之处在于，在直刀推剞时，刀进一定深度后即停刀，不将原料断开。这种刀法适用于加工各种无骨的韧性原料，如猪肚、通脊肉、鸡鸭鹅肫、鱼肉等，以及软性原料，如豆腐干等。

② 斜刀剞：斜刀剞是运用斜刀法在原料表面切割具有一定深度刀纹的方法，适用于稍薄的原料。斜刀剞条纹长于原料本身的厚度，层层递进相叠，呈披覆之鳞毛状。又有正斜剞与反斜剞之分。

• 斜刀推剞：斜刀推剞与斜刀推片相似。不同之处在于，斜刀推剞的刀在运行时不完全将原料断开，而是留有一定的余地。这种刀法不但要求刀纹深浅和刀距一致，还要求刀纹间的倾斜角度相同。斜刀推剞适用于比较薄小的原料，如墨鱼、腰子、肚子等。

• 斜刀拉剞：斜刀拉剞与斜刀拉片相似。不同之处在于，斜刀拉剞的刀刃在进入原料一定深度后即停刀，不将原料片断。该刀法适用的原料及刀法要求与斜刀推剞相同。

③ 平刀剞：平刀剞也有平刀推剞和平刀拉剞两种，其刀法与平刀法相似，只是平刀剞在刀刃进入原料一定深度后便停止，不将原料片断。操作的要求是刀纹间相互平行、间距相等、深浅一致。这种刀法用于较小的原料，如虾球等。

刀法在剞刀的应用上，可分为一般剞和花刀剞两种。一般剞只是在原料上剞上一排刀纹，如烹制整尾鱼时，即可用拉刀剞法。花刀剞是剞刀法最广泛的一种。所谓花刀，就是在原料上交叉地剞上各种花刀纹路，使原料经过烹调后，出现各种不同形状。但使用这一类原料，必须是韧性带脆无筋的原料，如猪、羊、牛的腰子，以及猪肚子、鸡胗、鸭胗、鱿鱼等。

（3）其他刀法　还有一些其他刀法，如削、剔、刮、塌、拍、撬、剜、剐、铲、割等，大多数是作为辅助性刀法使用，不是刀工的主体，比较简单，在此不再赘述。

三、原料成形工艺

刀工与原料的成形和形态变化是一个因果关系，没有刀工就没有烹调中“形”的存在，刀工决定了料形的变化。原料的刀工成形是指运用各种不同的刀法，将烹饪原料加工成形态各异、形象美观、适于烹调和适合食用的原料形态。原料形态大体上可分为基本工艺型、花刀工艺型两大类，按照使用刀工刀法的不同，每类又可分为若干小类。

（一）基本料形的成形工艺

基本料形指构成菜肴的各种基本形状，如段、块、片、条、丝、丁、粒、末、糜（泥）等，其工艺程序简单，运用切、剁、砍、片等刀法加工完成。这正是一个原料从大到小、由粗到细的加工过程。

1．段

将原料横截成自然小节或断开叫段。段和条相似，但比条宽一些或长一些，保持原来物体的宽度是段的主要特征；另外，段也没有明显棱角特征。段可分为直刀段与斜刀段。段的大小、长短可根据原料品种、烹调方法、食用要求灵活掌握。

2．块

块是菜肴原料中较大的一种形状。块的成形通常使用切、剁、斩等直刀法。块的大小，一方面取决于原料所切成条的宽窄、厚薄；另一方面也取决于不同的刀法。块的种类很多，常用的有象眼块、正方块、长方块、骨牌块、滚料块等。各种块形的选择，是根据烹调的需要以及原料的性质、特点来决定的。当块形较大时，也可在其两面上剞些花刀，以便于入味。

3．片

片是具有扁薄平面结构的料块，是烹调中用得最多的一种形状。片的成形一般采用直刀法中的切（如直刀切、推刀切、拉刀切、锯刀切等）、斜刀法（斜刀拉片、斜刀推片）、平刀法（直片、推拉片）或削等刀法来完成。常用的片形有菱形片、月牙片、柳叶片、长方片等。片的大小、厚薄和形状，要根据原料的品种、质地和烹调方法确定。

4．条

一般将宽0.5～1厘米的细长料形称为条。条的加工方法是先将原料加工成稍厚些的片或段后，再加工成条。所用的刀法有直刀法、斜刀法和平刀法中的各法。常见条的形状有指条、笔杆条、筷子条、象牙条等。条的粗细、长短要根据原料的性质和烹调的需要而定。质地坚韧的原料，条要略细；质地软嫩的原料，条要切得略粗一些。

5．丝

将薄片形原料切成细长的形状，即为丝。丝是菜肴原料中体积较小，也较难切的一种形状。在烹调技术中，体现刀工很重要的一个方面就是看丝切得如何。丝在烹调中运用广泛，而且作用大。

6．丁

从条上截下的立方体料形称为丁。切丁的方法是先将原料片成厚片，再将片切成条，最后将条切成丁。切丁也有大中小之分，大丁约2厘米×2厘米×2厘米，中丁约1.2厘米×1.2厘米×1.2厘米，小丁约0.8厘米×0.8厘米×0.8厘米。丁的形状有菱形丁、骰子形丁、橄榄形丁、指甲形丁等。适用于韧性原料、脆性原料、软性原料及硬实性原料。

7．粒

从丝状原料上截下的立方体称为粒，又称“米”。粒取自粗丝，粒的形状比丁要小，一般也呈方形，是由细条和丝改刀而成的，大的如黄豆，小的如米粒。切粒与切丁的方法大致相同，只是片要薄些，条要细些，直切时刀口密度小些。常见粒状原料有：豌豆粒——将整形后的原料切成长方条，然后顶刀切成边长0.5厘米左右的小丁；绿豆粒——先将整形后的原料切成粗丝，或头粗丝，然后顶刀切成小丁；米粒——先将整形后的原料切成细丝，然后顶刀切成边长0.1厘米左右的小丁。

8．末

末是由丝改刀而成的，末的形状比粒还要小一些，半粒为末。末的切法大体有两种：一种是将原料剁碎，如蒜末，先要将蒜粒用刀面拍裂、拍碎，然后再剁成末；再如鸡肉末，先要将鸡肉切成碎片，然后再剁成末。另一种是先将原料切成薄片，再将片切成细丝，最后将丝切成末，如切姜末、葱等。

（二）剞花工艺

剞花工艺是指在特定原料的表面切割一些具有一定深度的刀纹图案的刀工过程。经过这种刀工处理后，原料受热会收缩、开裂或卷曲成花形，故称之为剞花工艺。

1．整鱼剞花

在众多的鱼类菜肴中，以整体入馔者占较大的比重。由于鱼体较大，一般都要进行必要的刀工处理。经过刀工处理的鱼体，不仅可增加菜肴的外形美观，而且可使调味品容易渗入鱼体内部，同时也更易成熟，使之更加醇美可口。

（1）直一字花刀　直刀法在鱼体两侧偏脊背处剞平行一字刀纹。

（2）斜一字形花刀　鱼体两面剞上斜一字形排列刀纹。① 半指刀，间距0.5厘米；② 一指刀，间距1.5厘米。

（3）柳叶花刀　运用斜刀推（或拉）剞在原料两面均匀剞上宽窄一致的柳叶形刀纹（类似叶脉的刀纹）。

（4）牡丹花刀　用斜刀推剞（或拉制）和平刀推剞（或拉剞）的方法加工而成。操作时，首先将刀刃放在鱼体表面，刀与鱼体成45°，用斜刀推剞或拉剞至近鱼骨，再沿鱼骨用平刀推剞或拉剞深约2厘米。经加热后鱼肉翻卷，形似牡丹花瓣。

（5）松鼠花刀　在原料肉面逆纤维走向斜剞4/5至皮的刀纹，再顺向直剞4/5至皮的刀纹，交叉90°。

2．其他原料的剞花

其他许多原料都可以剞花，如鱿鱼、墨鱼、猪腰、鸡肫、鸭肫、里脊肉等。

（1）菊花花刀　运用直刀推剞的刀法制成。在原料上剞上横竖交错的刀纹，深度为原料厚度的4/5，两刀相交为90°，改刀切成约3厘米×3厘米的正方块。经加热后即卷曲成菊花形态。

（2）麦穗花刀　用直刀推剞和斜刀推剞的刀法制成。先斜刀推剞，倾斜角度约为40°，刀纹深度是原料厚度的3/5。再转一个角度直刀推剞，直刀剞与斜刀剞相交，以70°～80°为宜，深度是原料的4/5。最后改刀成块。经加热后刀纹即卷曲成麦穗形态。

（3）荔枝花刀　运用直刀推剞的刀法制成。先运用直刀推剞，进刀深度是原料厚度的4/5。再转一个角度直刀推剞，进刀深度也是原料厚度的4/5。两刀相交为80°，然后改刀切成边长约为3厘米的等边三角形。经加热后即卷曲成荔枝形态。

（4）鱼鳃花刀　运用直刀推剞和斜刀拉剞的刀法制成。将原料片成片，运用直刀推剞的刀法规上深度为原料厚度的4/5的刀纹。然后，转一个角度斜刀剞上深度为原料厚度的3/5的刀纹。用斜刀拉片的刀法将原料断开，即一刀相连一刀断开即成。

（5）蓑衣花刀　直刀剞和斜刀推剞的刀法制成。先在原料一面直刀（或推刀）斜剞上一字刀纹，刀纹深度为原料厚度的1/2。然后，再在原料的另一面采用同样的刀法，剞上直一字刀纹，刀纹深度是原料厚度的1/2，与斜一字刀纹相交。

第三节　烹制工艺

一、勺工工艺

勺工是中式烹调特有的一项技术，是中式烹调用火和施艺的独特功夫。所谓勺工工艺，就是根据烹调的不同需要，将各种加工成形的烹饪原料放入勺中，通过晃勺、翻勺使原料入味成熟，再出勺装盘的工艺过程。勺工是烹制菜肴最基本的手段，晃勺、翻勺、出勺构成其三大环节，其中翻勺是最重要的环节。

（一）勺工的作用

（1）保证烹饪原料均匀地受热成熟和上色　原料在勺内不停移动或翻转，使原料的受热均匀一致、成熟度一致、上色程度一致；及时端勺离火，能够控制原料受热程度、成熟程度。

（2）保证原料入味均匀　原料的不断翻动使投入的调味料能够迅速而均匀地与主辅料和渗透，使口味轻重一致，滋味渗透交融。

（3）形成菜肴各具特色的质感　如菜肴的嫩、脆与原料的失水程度相关，迅速地翻拌使原料能够及时受热，尽快成熟，使水分尽可能少地流失，从而达到菜肴嫩、脆的质感。不同菜肴其原料受热的时间要求不同，勺工操作可以有效地控制原料在勺中的时间和受热的程度，因而形成其特有的质感。

（4）保证勾芡的质量　通过晃勺、翻勺可使芡粉分布均匀，成熟一致。

（5）保持菜肴的形状　对一些质嫩不宜进行搅动、翻拌的原料，可采用晃勺，而不使料形破碎；对一些要求形整不乱的菜肴，翻勺可以使菜形不散乱，如烧、扒菜的大翻勺。

（二）勺工的基本要求

（1）了解勺工工具的特点和使用方法，并能正确掌握和灵活运用。

（2）掌握勺工技术各个环节的技术要领。勺工技术由端握勺、晃勺、翻勺、出勺等技术环节组成，不同的环节都有其技术上的标准方法和要求，只有掌握了这些要领并按此去操作，才能达到勺工技术的目的。

（3）动作快捷、利落、连贯协调。

（4）要有良好的身体素质与扎实的基本功。

（三）勺工姿势

勺工是一项技艺较高的工作，要想熟练地掌握勺工技术，首先必须掌握正确的翻炒姿势。各地厨师传授的翻炒姿势各有特色，不尽相同；但应从既方便工作，又利于提高工作效率，并能耐久和减少疲劳与有利于身体健康等方面来考虑。

1．翻炒的姿势

翻炒姿势与灶台高低有一定的关系。用于翻炒的灶台，其高度为85～90厘米。灶台太高，握勺的手就要过高抬起，这样就会加重手臂及手腕的负担，人会感到十分吃力；反之，灶台太低，人必然会弯腰曲臂，加强腰腹的负担，时间长了就会感到腰酸背疼。翻炒时的具体姿势要求如下。

（1）面向炉灶站立，人体正面应与灶台边缘保持一定距离（根据身高可保持在5～25厘米）。

（2）两脚分开站立，两脚尖与肩同宽，为40～50厘米（可根据身高适当调整）。

（3）上身保持自然正直，自然含胸，略向前倾，目光注视勺中原料的变化。但不可弯腰曲背，以免造成职业病。

2．握勺的手势

（1）握单柄勺的手势　习惯用“握棒”的方式。左手握住勺柄，手心朝右上方、大拇指在勺柄上面，其他4指弓起收拢握住勺柄，指尖朝上，手掌与水平面约成140°夹角，合力握住勺柄。翻炒时，食指和掌根是主要的两个着力点，前者用力托，后者用力压。

（2）握双耳锅的手势　左手大拇指扣紧锅耳的左上侧，其他 4 指微弓朝下，呈散射状托住锅底，并用抹布垫手（以防烫手并增大手与锅的摩擦力）。这样的拿法，锅的重量可均匀地分摊在较宽的手指面上，比较稳当。

（3）握手勺的手势　用右手中指、无名指、拇指与手掌合力握住勺柄，主要目的是在操作过程中起到勾拉、搅拌作用。具体方法是：食指前伸（对准勺碗背部方向），指肚紧贴勺柄，大拇指伸直与食指、中指合力握住手勺柄后端，勺柄末端顶住手心。要求持握牢而不死，施力、变向均要灵活自如。

（四）勺工技法

1．晃勺

晃勺也称晃锅、转菜，是指将原料在炒勺内旋转的一种勺工技艺。晃勺可以防止粘锅，可以使原料在炒勺内受热均匀，成熟一致。对一些烧菜、扒菜，勾芡时往往都是边晃勺边淋芡，使勾出的芡均匀而不会局部太稠或太稀。此外，晃勺可以调整原料在炒勺内的位置，以保证翻勺或出菜装盘的顺利进行。

2．翻勺

在烹调工艺中，要使原料在炒勺中受热均匀、成熟一致、入味均匀、着色均匀、挂浆均匀，除用手勺搅拌以外，还要用翻勺的方法达到上述要求。翻勺是勺工的重要内容，是烹调操作中重要的基本功之一，翻勺技术功底的深浅可直接影响到菜肴的质量。因为炒勺置火上，料入炒勺中，原料由生到熟只不过是瞬间变化，稍有不慎就会影响菜肴的质量。因此，翻勺对菜肴的烹调至关重要。

3．出勺

出勺，也称出菜、装盘，就是运用一定的方法，将烹制好的菜肴从炒勺中取出来，再装入盛器的过程。出勺是整个菜肴制作的最后一个步骤，也是烹调操作的基本功之一。出勺技术的好坏，不仅关系到菜肴的形态是否美观，而且对菜肴的清洁卫生也有很大的关系。出勺的手法很多，主要有拨入法、倒入法、舀入法、排入法、拖入法、扣入法等。

二、烹调方式

（一）热菜烹调方法

烹调方法就是把经过初步加工和切配成形的原料，通过加热和调味，制成不同风味菜肴的操作过程。我国菜肴品种虽多至数千上万种，但就其菜肴的加热途径、制作特点、形态及风味特色而言，归结起来有三四十种基本的烹调方法。

1．水烹方式

利用水或汤汁为主要传热介质，通过锅、水（汤汁）、原料之间的对流换热，将热源产生的热量传递给烹饪原料，使其受热成熟的烹制方式，称为水烹方式。水烹法主要有烧、扒、焖、炖、煨、煮、烩、氽、涮、熬等，是烹饪中运用极为广泛的烹调方法。

（1）烧　是将半成熟的原料，在加入适量的汤汁和调味品后，先用旺火烧沸，再用中火或小火加热至汤汁浓稠入味成菜的工艺过程。按工艺特点和成菜风味，烧可为分红烧、白烧、干烧、酱烧、葱烧等多种。

（2）扒　是将初步熟处理的原料，经切配后整齐地叠码在盘内成形，然后堆放入锅加入汤汁和调味品，用中火烧透入味，最后勾芡收汁大翻勺，并保持原形装盘成菜的工艺过程。扒的方法，根据其色泽可分为红扒、白扒，烹调技巧完全相同，只是红扒用有色调味料，白扒用无色调味料。

（3）焖　凡是经过炸、煸、煎、炒、焯水等初步熟处理的原料，掺入汤汁用旺火烧沸，撇去浮沫，再放入调味品加盖用小火或中火慢慢加热，使之成熟并收汁至浓稠的成菜工艺过程。适合焖的原料，主要有鸡、鸭、鹅、兔、猪肉、鱼、蘑菇、鲜笋、蔬菜等。焖的烹调方法按色泽和调味的区别，细分有油焖、黄焖、红焖等三种。

（4）炖　是把经过加工处理的大块或整形原料，放入炖锅或其他陶器中，加足水，用旺火烧开，再用小火加热至熟软酥烂的工艺过程。

2．油烹方式

利用各种食用植物油或动物脂作为传热介质的烹制方式称油烹方式。油烹适合于多种烹调方法和原料，是一种比较复杂的烹制方式。以油为主要导热体的烹调方法包括炒、炸、爆、熘、煎、贴、烹、拔丝、挂霜等。

（1）炒　炒是将切配后的丁、丝、片、条、粒等小型原料，用中油量或少油量，以旺火快速烹调方法成菜。根据工艺特点和成菜风味，炒的烹调方法又可分为许多种，主要的有滑炒、软炒、生炒、熟炒四种。

（2）爆　爆是指将原料剞成花形，先经沸水稍烫或滑油、油炸后，直接在旺火热油中快速烹制成菜的工艺过程。爆可分为油爆、葱爆、酱爆、芫爆、汤爆等。

（3）炸　炸是将经过加工处理的原料，放入大油量的热油锅中加热使其成熟的一种烹调方法。炸可分为清炸、酥炸、软炸、干炸、卷包炸等。

（4）烹　烹是将新鲜细嫩的原料切成条、片、块等形状，调味腌渍后，经挂糊或不挂糊，用中火温油炸至呈金黄色捞出，另起小油锅投入主辅料，再加入兑好的调味汁，翻匀入味成菜的工艺过程。烹的特点是“逢烹必炸”，即菜肴原料必须经过油炸（或油煎），然后再烹入事前兑好的不加淀粉的调味汁。

（5）熘　熘是将切配后的丝、丁、块等小型或整形原料，经划油、油炸、蒸或煮的方法加热成熟，再用芡汁粘裹或浇淋成菜的一种烹调方法。熘的菜肴一般芡汁较宽。熘因操作方法和技巧上的不同，可分为炸熘、滑熘、软熘。

（6）煎　是以少量油加入锅内，放入经加工处理成泥、粒状原料制成的饼，或挂糊的片形等半成品原料，用小火两面煎熟的工艺过程。

（7）贴　是一种特殊的烹调方法，是将两种以上的新鲜、细嫩原料，经加工成片或蓉（蓉状原料调味后叠粘在一起）等形状，用肥膘肉垫底，挂薄浆，以净锅适量油小火，把肉膘朝下放入锅内，加热定型，再烹入酒和适量清水焖至成熟的烹调方法。

3．其他烹调方法

在众多烹调方法中，除以油和水为导热体的两大类之外，还有一些用其他传热媒介烹制菜肴的方法如蒸、烤、蜜汁、焗、微波烹调法等。

（1）蒸　是将切配并调味的原料装盘，利用蒸汽加热，使原料成熟或软熟入味成菜的工艺过程。根据不同的制肴特点还可分为清蒸、粉蒸、扣蒸等。

（2）烤　是利用各种燃料（如柴、炭等）燃烧的温度或远红外线的辐射热使原料至熟成菜的工艺过程。烤一般分为暗炉烤、明炉烤两种。

（3）蜜汁　是把经过加工处理或初步熟处理的小型原料，放入用白糖、蜂蜜与清水熬成的糖液中，使其甜味渗透，质地软糯，糖汁收稠成菜的工艺过程。

（4）焗　焗有传统的焗与西式的焗两种。传统的焗是把经过加工入味处理的原料埋入大量被炒热的盐粒中，经过慢慢加热使之成熟的方法，是一种特别的烹饪法。

（5）微波烹调　微波烹调主要是利用微波炉内的磁控管放射微波，使经加工调味的烹调原料较短时间成熟成菜的方法。微波炉可用于多种烹调方法，如煎、炸、炒、蒸、煮、烧、烤等，可烹制烤肉串、海鲜串、纸包鸡、啤酒炖牛肉、豆豉排骨、红烤牛腩、扣虾饼、五彩鱼丸汤等多种风味菜肴。

（二）冷菜烹调方法

冷菜是指制作后用来凉吃的菜肴，有热制冷吃和冷制冷吃两大类。绝大多数冷菜是经过加热烹制，凉凉后食用的。

1．热制冷吃菜肴的烹调方法

热制冷吃的菜肴，是指调味过程中需要先加热制成菜肴凉凉后再供食用的菜肴。常见的烹制方法有卤、蒸、白煮、冻、酥、熏、烤等。

（1）卤　是指将加工处理的大块或整形的原料，放入多次使用的卤汁中，加热煮熟使卤汁的香鲜滋味渗透入内的烹调方法。

（2）酱　是指将经腌制或焯水的半成品，放入酱汁中浇沸，再用小火煮至酥软捞出，然后把酱汁收浓淋在酱制的原料上（或将酱制的原料浸泡在收浓的酱汁内）的烹调方法。

（3）白煮　将原料放在白汤锅中煮熟的烹调方法。最常见如白斩鸡等。

（4）冻　是指利用原料本身的胶质或以另外酌加的猪皮、食用果胶、明胶、琼脂等（经熬或蒸制后）的凝固作用，使原料凝结成一定形状成菜的烹调方法。

（5）酥　将原料用油炸酥或投入汤锅内加以醋为主的调料用小火焖烂的烹调方法。

（6）熏　是指将经加工处理后的半成品，放入熏锅内，利用熏料起烟熏制成菜的烹调方法。

（7）烤　把原料腌渍后，放入烤箱或挂入明炉内，经热空气循环传热，使原料成熟的烹调方法。

2．冷制冷吃菜肴的烹调方法

冷制冷吃菜肴是指在制作菜肴的最后调味阶段不加热，也就是只调味不烹制的工艺过程。常见冷制冷吃菜肴的制作方法有拌、炝、浸、糟、醉、腌腊等。

（1）拌　是将切配成形的丝、丁、条、片等原料，用油滑过或是用沸水焯过，捞出控净油（水）盛盆内，加入各种调味品搅拌均匀装盘即成。

（2）炝　是将切配成形的丝、丁、条、片等原料，用油划过或是用沸水焯过，捞出控净油（水）盛盆内。另用锅加油烧热，加花椒炸至焦香，捞出花椒粒，趁热将花椒油浇在原料上，略加盖焖一会儿，拌匀装盘即成。

（3）浸　是把原料加工处理后，用调味料先进行腌渍或煮、炸等熟处理，然后再放入兑制的卤汁中，进行浸泡，使其入味成菜的加工过程。

（4）糟　是把原料加工处理后，用调味料进行腌渍或放锅内煮熟，再放到调好的红糟汁或香糟汁中浸泡，使其入味成菜的操作过程。

（5）醉　一般多用鲜活动物性原料，将原料治净后放入预先调制好的白酒或料酒中浸泡，使其浸透入味成菜的操作过程。

（6）腌腊　是把原料（多为动物性原料）加工处理干净后，用盐、料酒等调味品腌渍入味，然后置阴凉处晾干或风干（也有用烘烤和烟熏的方法），使其水分蒸发而成的操作过程。

（三）面点制作技艺

面点制作工艺一般包括面团加工工艺、馅心调制工艺与熟制方法。

1．面团加工工艺

（1）面团的种类　由于和面时所用的原料和添加料的不同，调制的方法及其用途也不一样，因而面团可分为很多种，主要有水调面团、膨松面团、油酥面团、米粉面团等。

① 水调面团：水调面团是指面粉掺水拌和而成的面团。这种面团一般组织严密，质地坚实，内无孔洞，体积也不膨胀，富有韧性和可塑性。水调面团按和面时使用水的温度不同，还可以分为冷水面团、温水面团、热水面团。

② 膨松面团：膨松面团就是在调制面团过程中，加入适当添加剂或采用一定的调制方法，使面团组织产生孔洞，变大变疏松的工艺过程。膨松面团在烹饪中应用极广，常使用的有发酵面团、化学膨松面团和物理膨松面团三种。

③ 油酥面团：油酥面团是用油和面粉作为主要原料调制成的面团，它具有很强的酥松性。油酥面团制作时一般由两块面团制成。一块是水油面，另一块是干油酥。水油面是用水、油、面粉三者调制，用料比例为水∶油∶面粉为2∶1∶5。和面时将水与油一起加入面粉中抄拌。水的温度一般为35℃左右。面团要反复搓擦，使其柔软，有光泽，有韧性。然后用干净湿布盖好，静置；干油酥是把油脂加入面粉里，采用推擦的方法而成团。面粉与油的比例为1∶0.5。一般先把面粉和冻猪油拌和，用双手的掌根一层一层向前推擦，反复操作，直到擦透为止。

④ 米粉面团：是指用米磨成粉后与水和其他辅助原料调制而成的面团。具有黏性强、韧性差的特点。米粉面团是以制作糕、团、饼、粉等点心为主的面团，特别在我国南方地区，应用非常普遍。米粉面团制品很多，但最常用的有米糕制品和米团制品。

（2）面团的调制　面团的调制包括调制的手法和面团的种类两个方面。

① 和面：和面是指将面粉与水、油、蛋等按比例配方掺和揉成面团的工艺过程。它是整个面点制作中最基础的一道工序。面点的好坏，与和面的优劣有着直接关系。和面的手法一般有抄拌法、调和法、搅和法。

② 揉面：揉面就是在面粉吸水发生粘连的基础上，通过反复揉搓，使各种粉料调和均匀，充分膨胀形成面团的过程。揉面是调制面团的关键，它可使面团进一步均匀、增劲、柔润、光滑等。揉面的主要手法有捣、揉、搋、摔、擦等几种。

2．馅心调制工艺

馅心，就是用各种不同的烹饪原料，经过精细加工拌制或熟制而成的形式多样、味美适口的面点心子。馅心制作，是面点制作过程中的重要工艺之一。馅心制作的好坏，对成品的质量有直接影响。

（1）馅心种类　常见的馅心按口味可分为咸馅、甜馅等。

① 咸馅：咸馅种类较多，根据用料可分为素馅、荤馅、荤素馅。这三种馅心的制作过程中，又有生熟之分。

② 甜馅：甜馅虽然南、北有别，种类较多，但大都是以糖为基本原料，再配以各种豆类、果仁、果脯、油脂以及新鲜蔬菜、瓜果、蛋乳类或少量香料等。甜馅常用的有糖馅、泥蓉馅和果仁蜜饯馅。

（2）馅心制作要领　馅心的制作有拌制和烹调两类制作方法，不论采用哪种方法，调制馅心都要掌握的要领包括：严格选料，正确加工；根据面点的要求，确定口味的轻重；正确掌握馅心的水分和黏性；根据原料性质，合理投放原料。

3．面点熟制方法

面点熟制是对成形的面点半成品，运用各种加热方法，使其成为色、香、味、形俱佳的成品的过程。从大多数面点品种的操作程序看，熟制是最后也是最关键的一道工序，制品的色泽、定型、入味等，都与熟制有密切关系。面点熟制方法主要有蒸、煮、炸、烙、烤、煎等单加热法，有时为了适应特殊需要也可采用综合加热法，即采用蒸、煮后再进行煎、炸等，但大多数面点还是以单加热法为主。

（1）蒸　蒸是把制品生坯放笼屉或蒸箱内，利用蒸汽传热使制品成熟的方法。这种方法多用于发酵面团和烫面团类的熟制，如馒头、蒸包等。

（2）煮　煮就是把成形的生坯放入开水锅中，利用水的传热，使制品成熟的一种方法。煮法的适用范围比较广泛。如冷水面团的饺子、面条、馄饨等，米粉制品的汤圆、元宵等。

（3）炸　炸是将制作成形的面点生坯，放入一定温度的油锅中，利用油炸为传热介质，使之成熟的方法。这种熟制方法适用性较强，几乎各种面团都可使用。如油酥面团制品的油酥点心，膨松面团制品的油条，米粉面团制品的油炸糕等。

（4）煎　煎是在平底锅内加入少量的油或水等，放入生坯，利用锅、油或水等传热使之成熟的方法。这种方法常用于水调面团制品的熟制，如煎包、锅贴等。煎的方法，一般可分为油煎和水煎两种。

（5）烤　烤是把制品生坯放入烤炉内，利用烤炉的内热，通过对流、传导和辐射的传热方式，使其成熟的方法。这种方法主要用于各种膨松面团、油酥面团等制品，如面包、酥点等。

（6）烙　烙就是把制品的生坯，摆放在加热的锅内，利用锅底传热于制品，使其成熟的方法。这种方法主要适用于水调面团，发酵面团和部分米类面团。烙制方法根据其操作的不同，可分为干烙、刷油烙。

三、火候

火候就是根据烹饪原料的性质、形态和烹调方法及食用的要求，通过一定的烹制方式，在一定时间内使烹饪原料吸收足够的热量，从而发生适度变化后所达到的程度。一般情况下所说的火候，指的是“最佳的火候”，即把烹饪原料烹制到最理想的程度。

烹调中的火候有三个层次的意义，它们分别由热源、传热介质和烹饪原料三者通过一定的表现形式（外观现象或内在品质）呈现出来。对热源而言，火候就是热源在一定时间内向原料或传热介质提供的总热量，它由热源的温度或其在单位时间内产生热量的大小和加热时间的长短决定；对传热介质而言，火候就是传热介质在一定时间内产生的总热量，它由热源及传热介质的种类、数量、温度和对原料的加热时间所决定；对烹饪原料而言，火候就是原料达到烹调要求时所获得的总热量，它由热源、传热介质、原料本身的状况及其受热时间所决定。

从火候的定义可以看出，火候的运用和把握离不开热源在单位时间的发热量、热媒温度和加热时间，这三者是构成火候的基本要素。

火候三要素在烹制工艺中相互联系，相互制约，构成若干种火候形式，不同的火候形式又具有不同的功效。如果把它们粗略地划分为三个档次，热源发热量分为大、中、小，热媒温度分为高、中、低，加热时间分为长、中、短，那么从理论上讲就可得到27种不同的火候形式，也就是27种不同的火候功效。在实际烹制工艺中，火候各要素的档次划分远不止三个，按原料性状和烹调要求的不同，所组成的火候形式简直难以计数。这就是我国烹调的火功微妙之处。

四、火力

目前以燃料燃烧为热源（即明火）的加热方法仍十分普遍，对这类热源火候的控制主要是依靠经验来判断其火力的大小和加热时间的长短。

炉口火力主要是指炉内燃料燃烧时在炉口发出的热流量（即在单位时间里，通过一定面积的热量）的大小。当燃料处于剧烈燃烧状态时，炉口的火力就大；反之，炉口的火力则小。炉口火力的从小到大或从大到小其间是一个无级系列，很难划定等级界限。在实践操作中，人们通常根据火焰的颜色、光度、形态、辐射热等现象，把炉口火力粗略地划分为旺火、中火、小火和微火4种（表4–3）。

表 4-3　火力的种类及特征

种类	别称	含义	形态	颜色	光度	温度	应用
旺火	武火、大火、猛火、烈火、急火	炉口最强的一种火力。燃气（油）灶的闸阀和气阀开到最大限度，燃料处于剧烈燃烧状态，火势喷射猛烈，并有“呼呼”的响声	火焰全部升起	黄白色	耀眼	热度逼人	急速烹制菜肴，能使菜肴脆嫩爽口，如爆、炒、烹、汆、蒸
中火	文火、武火	仅次于旺火的一种火力。燃气（油）灶的闸阀和气阀开到较大程度，火势喷射不急不慢，火焰高低适中	火焰高而稳定	黄色	明亮	热度较强	快速烹制菜肴，使菜肴鲜脆软嫩，如炸、熘、蒸等
小火	文火、慢火、温火	炉口火力中较小的一种。燃气（油）灶的闸阀和气阀开到较小程度，火势较弱，火力较轻，火苗达不到锅底	火焰较低，时而上下跳动	黄红色	发亮	热度较弱	速度稍慢的烹制菜肴，使菜肴酥软入味，如煎、贴等
微火		燃烧度最弱的一种火力。燃气（油）灶的闸阀和气阀刚刚启开，火势微弱	火苗很低，时起时落	蓝紫色	暗淡	热度较小	速度最慢，适合煨、炖等

第四节　调味工艺

味是中国菜肴的灵魂，也是评价菜肴质量的一个重要因素。调味工艺是指运用各种调味原料和有效的调制手段，使调味料之间及调味料与主配料之间相互作用、协调配合，从而赋予菜肴一种新的滋味的过程。调味是调和工艺的中心内容。

一、味与味觉

“味”是所指的“味”主要是指菜肴在人口腔内的感觉，味的种类多达5000余种；可以分为两大类，即单一味和复合味。单一味又称单纯味或母味，是最基本的滋味。从味觉生理的角度看，公认的单一味只有咸、甜、酸、苦4种。现在有人证实，鲜味也是一种生理基本味。从烹调的角度看，一般有咸、甜、酸、鲜、辣、麻6种。复合味，也称多样味，是指两种或两种以上的单一味组合而成的滋味。复合味是菜肴的根本味道，每一道菜肴都是复合味的充分体现。

味觉又称味感，是某些溶解于水或唾液的化学物质作用于舌面和口腔黏膜上的味蕾所引起的感觉。近代生理科学研究指出：菜肴的各种味感都是呈味物质溶液对口腔内味感受体的刺激，通过收集和传递信息的神经感觉系统传导到大脑的味觉中枢，经大脑综合神经中枢系统的分析处理而产生的。

味觉具有灵敏性、适应性、可溶性、变异性、关联性等基本性质。它们是控制调味标准的依据，也是形成调味规律的基础。

二、调味的作用

调味就是把组成菜肴的主、辅料与多种调味品恰当配合，在不同温度条件下，使其相互影响，经过一系列复杂的理化变化，去其异味、增加美味，形成各种不同风味菜肴的工艺。调味工艺的作用主要表现在以下方面。

1．确定和丰富菜肴的口味

菜肴的口味主要是通过调味工艺实现的，虽然其他工艺流程对口味也有一定的影响，但调味工艺起着决定性作用。各种调味原料在运用调味工艺进行合理组合和搭配之后，可以形成多种多样的风味特色。

2．去除异味

有些原料带有腥味、膻味或其他异味，有些原料较为肥腻，都必须通过调味才能除去或减少菜肴的腥与腻等。如一般用姜、葱、芹菜及红辣椒等除去鱼的腥味，用葱、姜、甘草、桂皮、料酒等去除羊肉的膻味。

3．提鲜佐味

有的菜肴原料营养价值高，但本身并没有什么滋味，除用一些配料之外，主要靠调味料调味，使之成为美味佳肴。

4．杀菌消毒

调味料中有的具有杀灭或抑制微生物繁殖的作用。如盐、姜、葱等调味料，能杀死微生物中的某些病菌，提高食品的卫生质量；食醋既能杀灭某些病菌，又能保护维生素不受损失；蒜头具有灭杀多种病菌的功能和增强维生素B_1功效的作用。

三、调味的方法

调味方法是指在烹调工艺中，通过调味品作用于烹饪原料（半成品），使其转化成菜肴的途径和手段。

1．根据调味的时机不同划分

（1）原料加热前的调味　原料在加热前的调味又称基本调味，其目的主要是使原料在加热前就具有一个基本的滋味（即底味），同时改善原料的气味、色泽、硬度及持水性，一般多适用于加热中不宜调味或不能很好入味的烹调方法制作的菜肴，如用蒸、炸、烤等，一般均需对原料进行基本调味。

（2）原料加热中的调味　原料加热中的调味又称定型调味，其特征为调味在原料加热容器内进行，目的主要是使菜肴所用的各种主料、配料及调味品的味道融合在一起，并且配合协调统一，从而确定菜肴的滋味。所以，此阶段是菜肴的决定性调味阶段，它主要适用于水烹法加热过程中的调味。常用的调味方法有热渗法、分散法、裹拌法、粘撒法等。

（3）原料加热后的调味　原料在加热后的调味又称辅助调味，是菜肴起锅后上桌前或上桌后的调味，是调味的最后阶段，其目的是补充前两个阶段调味的不足，进一步增加风味，使菜肴滋味更加完美。很多冷菜及不适宜加热中调味的菜肴，一般都需要进行辅助调味。此阶段常用的调味方法有浇拌法、粘撒法和跟碟法等。

2．根据调味的次数划分

（1）一次性调味法　是指在烹调过程中一次性加入所需要的调味品就能完成菜肴复合味的调味方法。

（2）多次性调味法　是指在烹调过程中需要在烹制前、中、后进行多次调味才能确定菜肴口味的方法。如油炸菜肴在加热前调定基本味，在加热后补充特色味。

四、常见味型及其调制

菜肴的调味一般来说是由三部分组成的：一是原料本味；二是经火候处理给原料带来的特殊质感；三是调味之味。在实际的烹调中，调味的应用主要是加热前的腌渍浆料调味（基本调味）及加热中的主体调味和加热后的补充调味。不同的菜肴虽然味型可能不同，但调味的合成却有共通之处。尤其是在现代烹饪调味的科学原理的指导下，不仅要注重用料配方，以求质量稳定，还要运用味与味之间的科学原理，巧妙地运用调味品，使之达到调出美味的目的。下面介绍一些常见的味型及其汁料的调制方法。

（1）鱼香味型　鱼香味型是由精盐、酱油、白糖、醋、泡红辣椒等调制而成。此味型的特点是咸甜酸辣适口，葱、姜、蒜味突出。

（2）荔枝味型　荔枝味型由精盐、酱油、白糖、醋、葱、姜、蒜组成，精盐、白糖、醋的重量比例一般为1∶3∶1.5，其中葱、姜、蒜仅取其香味，用量不宜过重。

（3）家常味型　家常味型由精盐、酱油、醋、豆瓣酱、胡椒、芝麻油、青蒜、泡红辣椒、甜面酱、豆豉等组成。家常味以咸鲜微辣、回味略甜为特点。

（4）麻辣味型　麻辣味型由精盐、辣椒（郫县豆瓣、干辣椒、红油辣椒、辣椒面等任选）、花椒粒（或面）、葱、麻油等组成，有的还略加白糖、醪糟等。此味型以咸、辣、麻、香为特色，含盐量较重，约为2%，糖的施加量，以提鲜为目的，不宜多。

（5）怪味型　怪味型由精盐、酱油、辣椒油、花椒末、白糖、醋、芝麻面、芝麻油、姜末、蒜末、葱花等调制而成。盐、糖、醋的重量比例一般为1∶2∶2.5，其中咸味由盐和酱油合成。其实怪味并不怪，只是酸、甜、辣、咸、鲜、麻、香各味皆有，盐、糖、醋的比例和谐而已。

（6）红油味型　红油味型是由精盐、酱油、辣椒油、白糖、麻油调制而成，有的还要加些蒜泥。精盐、白糖的重量比例为1∶0.5，其中酱油的量已折合成盐量。该味型以咸、辣、香、鲜为特点，其中鲜味主要由原料的本鲜，佐以糖提鲜构成。其中辣味要比麻辣味型为轻，甜味可以比家常味略重。

（7）酸辣味型　酸辣味型主要由精盐、醋、胡椒、泡菜、辣椒油等调制而成。精盐、醋的重量比例一般为1∶1.5。其中辣味只起辅助调味作用，所以此味型特点为咸鲜、酸辣味浓。

第五节　辅助工艺

中国烹饪工艺复杂繁多，各有功用。为了有效保证各种烹饪方法的顺利完成，烹饪工作者还必须掌握各种各样的辅助性烹饪工艺操作技能。

一、制汤工艺

中国烹调工艺自古重视制汤技术，尤其是在味精没有发明以前，菜肴的鲜味主要来自鲜汤。即使在味精大行其道的今天，鲜汤的重要地位也从来没有受到根本动摇。尤其是在制作那些名贵的山珍海味时，仍然要使用高级鲜汤来提味和补味。

1. 汤的种类

按制汤的原料种类不同，鲜汤可分为荤汤和素汤两大类。荤汤中按原料品种不同有鸡汤、鸭汤、鱼汤、海鲜汤等；素汤中有豆芽汤、香菇汤等。

按汤料的多少不同，鲜汤可分为单一料汤和复合料汤两种。单一料汤是指用一种原料制作而成的汤，如鲫鱼汤、排骨汤等；复合料汤是指用两种以上原料制作而成的汤，如双蹄汤、蘑菇鸡汤等。

按汤的色泽和透明度不同，鲜汤可分为清汤和白汤两大类。清汤的口味清纯，汤清见底；白汤口味浓厚，汤色乳白。白汤又分一般白汤和浓白汤，一般白汤是用鸡骨架、猪骨等原料制成的，主要用于一般的烩菜和烧菜；浓白汤是用蹄髈、鱼等原料制成的，既可单独成菜，也可用作高档菜肴的辅料。

按制汤的工艺方法不同，鲜汤可分为单吊汤、双吊汤、三吊汤。单吊汤是一次性制作完成的汤；双吊汤是在单吊汤的基础上进一步提纯，使汤汁变清、汤味变浓；三吊汤则是在双吊汤的基础上再次提纯，形成清汤见底、汤味纯美的高汤。

2．制汤的方法

（1）一般白汤　又称为二汤，这种汤的制法较为普遍和简单。就是将煮过浓白汤的猪肉骨、专供制汤用的猪蹄和拆卸猪肉所得的筋膜、碎皮等下脚料，加一定量的清水和葱结、姜块烧沸，撇去浮沫，再加绍酒盖上继续加热2～3小时，待煮至骨髓溶于汤内，骨酥肉烂，用筛滤去残骨烂渣。汤色也呈乳白，但汤质浓度不如浓白汤，鲜味也较差。可作一般菜肴用汤。一般白汤浓度上并无严格要求，因此用料与加水的比例也比较机动。

（2）浓白汤　也是乳白色，但浓度较一般白汤要高，口味鲜醇，能增加菜肴口味的浓厚和鲜香。一般作为煨、焖、煮等白汤菜肴的汤汁，以及烧、扒等比较讲究的菜肴的调味之用。用料一般用鸡或鸭的骨架、翅膀，猪骨、蹄髈、瘦肉等原料。制法与一般白汤相似，是将用于制汤的原料洗净，放入汤锅中加上冷水用旺火烧沸后，撇去汤面上的浮沫，加入料酒、葱、姜等继续用中火加热到汤稠而色呈乳白色即成。制汤的原料及汤汁的比例一般是1∶1～1∶1.5，需用汤时，应先将原料捞起，再用纱布或汤筛过滤即可使用。

（3）一般清汤　也称鸡清汤，将鸡的骨架、鸡膀小节或碎散破皮的整鸡（只能作煮汤用）等用料，放入大汤桶中，加清水，用中、小火慢慢煮沸，在水沸时，改用微火继续进行长时间加热，使鸡体、鸡骨肉的营养物质充分溶入汤中。在制汤过程中，一般当水沸时，还可将制作“白斩鸡”或需要初步热处理的鸡投入，在达到制品要求时随时捞出。关键是必须维持小火，否则汤汁就浑浊而不澄清。制一般清汤用料一般没有明确规定，如果用料少而制汤多，汤味就会淡些，适合于烩菜和汤菜使用，如芙蓉鸡片、氽丸子、鸡片汤等。

（4）高级清汤　又称上汤、顶汤，汤汁更澄清，滋味更为鲜醇。一般用于贵重的汤菜和高级的宴席菜肴。制作高级清汤以一般清汤为基汁，加入鸡脯肉和鸡里脊肉斩成的蓉反复熬煮而成。制作的一般方法是，先用纱布或汤筛将一般清汤过滤冷却，除去汤中的渣滓、沉淀物及浮着物等，再将鸡肉去皮斩成蓉状，加葱、姜汁及黄酒和适量清水泡一泡，投入已过滤好的清汤中，以旺火加热，并用铁勺不断搅动，搅动时必须顺着一个方向搅动，汤先发浑，然后渐渐澄清，撇去汤面浮沫，待鸡蓉及汤已澄清就停止搅动，并改用小火不让汤翻滚，使汤中的渣状物及鸡蓉黏结而浮在汤面上，用漏勺捞出，即为澄清的鲜汤。如果需要更高级的汤，可用此汤为基汁，用上述方法提制的次数越多，口味就越鲜美。高级清汤的原料与汤汁的比例为1∶1或2∶1均可。

3．制汤的关键

（1）原料的选用及初步加工　所用原料一定要新鲜，否则原料中的异味将被一起带入汤中，影响汤的质量。制汤的原料必须经过初步加工处理，以除去原料上的污物和尾上腺，避免制成汤后出现异味。

（2）焯水处理　在制作清汤和高级奶汤时原料必须经过焯水处理，以除去原料中的血污和异味，确保清汤和高级奶汤的鲜美滋味。

（3）掌握好水、料的比例　制汤的最佳料水比在1∶1.5左右。水分过多，汤中可溶性固形物、氨基酸态氮、钙和铁的浓度降低，但绝对量升高；水分过少，则不利于原料中的营养物质和风味成分浸出，绝对浸出量并不高。但清汤与浓汤的料水比也有一定的区别，一般清汤的比例可以大于1∶1.5，浓汤的比例可以略小于1∶1.5。

（4）制汤的原料都应该冷水下锅，且中途不宜追加冷水。

（5）恰当地掌握火力和加热时间　制作奶汤一般先用旺火烧开，然后改用中火；使汤面保持沸腾状态，一般需要3小时左右，但可根据原料的类别形状和大小而灵活掌握。在制作清汤时，先用旺火烧开，水开后立即改用中小火；使汤面保持微弱、翻小泡状态，直到汤汁制成为止。

二、初步熟处理工艺

初步熟处理工艺，也称预热处理工艺，就是把加工后的烹饪原料，根据菜肴的需要，在油、水或蒸汽中进行初步加热，使之成为半熟或刚熟的半成品的处理方法。合理的初步熟处理是烹调前的必备条件和实现菜肴色、香、味的重要因素。

1．初步熟处理的作用

（1）保持和增加原料的色泽　在初步熟处理过程中，绿色蔬菜通过焯水，其颜色更加鲜艳。

（2）除去原料的腥、膻、臊、涩等异味　植物性原料，如苦瓜、胡萝卜、莲花白，通过焯水能除去部分苦涩味，笋类焯水后除去了部分鞣酸，以减少涩味。

（3）使原料保持一定形状，在正式烹调时不变形，同时又方便原料进行刀工处理。

（4）使原料成菜后保持滑嫩、酥脆或外酥内嫩的良好口感，以减少在烹调过程中营养素的流失。

2．初步熟处理的种类

（1）焯水　就是把经过初步加工后的原料，放入冷水或沸水锅中加热，使其达到符合烹调要求的成熟度，以备进一步切配成形或烹制菜肴的熟处理的方法。常见焯水的方法有冷水锅、沸水锅等。

（2）水煮　就是将动物性的整只或大块原料，在焯水后或直接投入温水锅煮至所需的成熟程度的熟处理方法。这也是为正式烹调做好准备。采用水煮初步熟处理的方法，在凉拌菜肴中应用较为广泛。也有不少热菜在烹调中也需要先经水煮，使之成为熟料再进行烹调，如回锅肉。

（3）过油　又称为油锅，它是以油为介质，将已加工成形的原料，在油锅内加热至熟或炸制成半成品的熟处理方法。过油又有划油和走油的区别。

① 划油又称为滑油、拉油，是指用中油量、温油锅，将原料滑散成半成品的一种熟处理方法。划油时，多数原料都要上浆，使原料不直接同油接触，水分不易溢出，保持其鲜香、细嫩、柔软的质感。滑油的应用范围较广，对鸡、鸭、鱼、虾、猪肉、牛肉、羊肉、兔肉等原料都适用。一般用于烧、烩、煮的丝、片、丁、条、粒、块等规格的原料，例如鱿鱼烩肉丝、水煮鱼片、山菌烧鸡片等。

② 走油又称跑油、过油、油炸等，是指用大油量、热油锅，将原料炸成半成品的一种熟处理方法。走油时，因油炸的温度较高，能迅速驱散原料的水分，使原料定型、色美、酥脆或外酥内嫩。走油的食用范围较广，鸡、鸭、鱼、猪肉、牛肉、羊肉、兔肉、蛋品、豆制品等原料都适用。走油的原料一般都是大块或整形等规格，主要用于烧、烩、焖、煨、蒸等烹调方法制作的菜肴，例如红烧狮子头、家常豆腐、豆瓣鲜鱼以及酥肉、炸丸子等。

（4）走红　有些用烧、蒸、焖、煨等烹调的原料，需要将原料上色后再进行烹制，就需要用走红。走红就是将原料投入各种有色调味汁中加热，或将原料表面涂抹上某些调味品，再经油炸，使原料上色的一种熟处理方法。走红根据使用的介质不同有卤汁走红和过油走红的区别。卤汁走红是将经过焯水或走油后的原料放入锅中，加上鲜汤、香料、料酒、糖色等，用小火加热至原料达到菜肴所需要的颜色。例如芝麻肘子、生烧大转弯、红烧狮子头、灯笼鸡等。过油走红是将经过焯水的原料，在其表面上涂抹料酒或饴糖、酱油、面酱等，再放入油锅，经油炸上色。例如咸烧白、甜烧白、红烧肉、香糟鸡等。

（5）汽蒸　是用旺火加热至水沸腾，经较长时间的蒸制，将原料蒸制为软熟的半成品的一种熟处理方法。此法主要适用于体积较大、韧性较强、不易软糯的原料。例如干贝、海参、蹄筋、银耳、鱼骨等干货原料的涨发以及红薯、马铃薯等根茎类的植物性原料。还有香酥鸡、八宝鸡、旱蒸回锅肉、软炸酥方、姜汁肘子等菜肴的半成品的熟处理。烹制时，要火力大、水量多、蒸汽足。蒸制时间的长短，应视原料质地的老嫩、韧硬程度、形体大小及菜肴的要求而定。

三、上浆、挂糊工艺

1．上浆、挂糊的概念

上浆、挂糊，就是食品原料在正式烹调之前，在原料的表层滚粘裹上一层由淀粉、鸡蛋等原料调制成的黏性材料。烹饪行业习惯把这样的黏性材料称之为浆和糊。一般来说，浆比糊要稀薄一些，而糊则要稠浓一些。

通过对食品原料实施上浆、挂糊，可以锁住原料本身的鲜味和水分，使菜肴香酥、鲜脆、嫩滑，并保持其本身形状，使菜肴外形更加美观。尤其能够防止原料中所含的蛋白质、脂肪、维生素等营养成分因高温烹调而过多流失，受到破坏，起到保护营养素的作用。

浆与糊的种类很多，名称及使用方法各地也不尽相同。但浆、糊的使用必须与具体的烹调方法相配合。浆一般多用于汆、炒、熘等烹调方法的菜肴制作，而糊则通常用于煎、炸、烹、炒等菜肴制作。

2．浆、糊的调制

（1）用料　调制糊浆的粉料有淀粉、面粉、米粉等，其他用料有鸡蛋（蛋清、蛋黄或全蛋）、清水、发酵粉和小苏打等。粉糊大多需事先调制，方法难易不同，各种用料的比例没有固定的标准，主要根据粉料的质地和实际应用的要求加以灵活掌握。

（2）调制　按不同的用料比例混合后，就要对糊浆进行搅拌。搅拌时应先慢后快，先轻后重，以使干粉慢慢吸收，融和水分。加水要慢，水量不要一次性加足，以能搅拌开为度。搅到稠度渐渐增大起黏性时，就可以逐渐加快加重，并再次加入适量清水继续搅拌，切忌将糊浆搅上劲。糊浆必须搅拌均匀，不能使糊浆内含有小的粉粒。因为小的粉粒会附着在原料表面上，影响外观和口感。

3．浆、糊的种类

（1）水粉浆　做法简单方便，应用广泛，多用于肉类的滑熘、抓炒等烹调方法。通常在肉片中放入淀粉，加少许清水与适量调味料拌匀，腌制片刻后再用宽油迅速将肉片滑熟。此方法可使肉片本身提前入味，口感更加鲜嫩爽滑，如熘肝尖、水煮牛肉等。

（2）蛋清糊　也称蛋白糊，用鸡蛋清和水淀粉调制而成，若制成浆则要加较多的水，若调成糊则只加少量水即可。也有用鸡蛋和面粉、水调制的。还可加入适量的发酵粉助发。制作时蛋清不打发，只要均匀地搅拌在面粉、淀粉中即可，一般适用于软炸，如炒里脊、清炒虾仁等。

（3）发粉糊　是指在水粉糊浆中加入发酵粉，使粉浆经过油炸后能胀发酥松。但所用的水粉糊浆必须是由面粉调制而成的。调制时夏天应用冷水，冬天应用温水，而后再用筷子搅到有一个个大小均匀的小泡时为止。使用前还可在糊浆中滴几滴酒，以增加成菜的光滑度。此种糊浆制成的菜品外表饱满、丰润光滑、色泽金黄、外脆里嫩，如芙蓉蚝、炸茄盒等。

（4）蛋泡糊　又称高丽糊、雪衣糊、芙蓉糊，是将蛋清用打蛋器顺一个方向快速搅打，让蛋清充分捕捉并滞留住空气。搅打时要先慢后快，并不间断，一气呵成，直到听到“嘭嘭”声，待蛋液中能直立住蛋抽时，再迅速加入一定比例的淀粉搅匀。此种方法制作的菜肴外形饱满、膨松而嫩、色泽洁白美观，如雪花豆腐、夹沙香蕉等。

（5）蛋黄糊　选用蛋黄加适量面粉或淀粉、水拌制而成。由于粉糊中含有蛋黄，成菜外壳色泽金黄、质地酥松、香味浓郁。一般适用于酥炸、炸熘等烹调方法，如茄汁熘鱼片、锅豆腐等。

（6）全蛋糊　用整枚鸡蛋与面粉或淀粉、水拌制而成。有些菜肴在挂全蛋糊后，还要蘸上一层碎粒状的香脆性辅料，如芝麻、松仁、花生仁、腰果、核桃仁、面包屑等。成菜硬酥香脆，冷后酥软，色泽金黄，如桂花肉、炸猪排等。

四、装盘工艺

菜肴的盛装如同商品的包装，质量好还需包装好，因此菜肴装盘要新颖别致，美观大方，出奇制胜，同时要注意下列事项。

（一）装盘的基本要求

1．选用合适盛器

菜肴盛装时，要选配合适的器皿。美食佳肴要有精致的餐具烘托，才能达到完美的效果。盛器选用要根据菜肴的造型、原料、色彩、数量、风味、宴席的主题而定。

2．操作讲究卫生

菜肴的盛装必须选用已消毒并烘干的盛器；不要用手或未经消毒的工具直接接触菜肴；不要将锅底靠近盛器或用手勺敲锅；菜肴应装在盘中间，不能装在盘边，也不能将卤汁溅在盘边四周。

3．盛装数量要适中

菜肴盛装的数量既要与食用者人数相适应，也要与盛具的大小相适应。菜肴盛装于盘内时，一般不能覆盖盘边的花纹和图案。羹汤菜一般装至占盛器容积的85%左右，如羹汤超过盛具容积的90%，就易溢出容器，而且在上席时手指也易接触汤汁，影响卫生；但也不可太浅，太浅则显得分量不足。

4．色彩搭配和谐，形态丰满匀称

色彩是菜肴形式美的重要组成部分，因此盛装除要保证形态美观之外，还应在形的基础上注意色彩搭配和谐，这对于由多种不同颜色的原料构成的工艺菜的盛装尤为重要。普通菜可以用与菜肴原料颜色搭配和谐的一些有色原料来围边或点缀，以衬托出菜肴的色彩。另外，菜肴应该装得饱满丰润，不可这边高、那边低。

5．突出主料和优质部位

如果菜肴中既有主料又有辅料，则主料应装得突出醒目，不可被辅料掩盖，辅料则应对主料起衬托作用。即使是单一原料的菜，也应当注意突出重点。

（二）装盘的方法

菜品盛装有两类，一是热菜的盛装；二是冷菜的装盘方法，不论哪一类，具体方法都很多，应根据菜肴的形态、特点、芡汁的浓度、汤汁的多少及烹调方法的不同，灵活运用具体盛装方法。

1．常用的热菜盛装方法

（1）一次性倒入法　即将锅端临盛器上方，倾斜锅身，使菜肴直接倒入盛器的方法，一般用于单一原料或主辅料无显著差别、质嫩勾薄芡的菜肴。盛装前先翻勺，倒时速度要快，勺不宜离盘太高，将勺迅速地向左移动，均匀地倒入盘中，如“糟熘鱼片”的装盘。

（2）分主次倒入法　一般用于主辅料差别比较显著的勾芡的菜。方法是：先将主料较多的部分菜肴用手勺盛起，再将锅中剩留的辅料较多的菜肴倒入盘中，然后将手勺中主料多的菜肴倒在上面，如“滑熘里脊”。

（3）拉入法　即将锅端临盛器上方，倾斜锅身，用手勺将锅内菜肴拉入盛器中。此法适用于小料型菜肴的装盘，呈自然堆积造型形式，如馒头形。

（4）拨入法　适用于小型无汁的炸菜。由于炸菜的特点是无芡汁，块块分开，适宜于拨入盘中。

（5）覆盖法　一般适用于基本无汁的勾芡的爆菜。盛装前先翻锅几次，使锅中菜肴堆聚在一起，在进行最后一次翻锅时，用手勺趁势将一部分菜肴接入勺中，装进盘内；再将锅中余菜全部盛入勺内，覆入盘中，覆时应略向下轻轻按一按，使其圆润饱满，如“爆双脆”。

（6）拖入法　这种方法适用于烧、焖、扒等法制作的整形原料（特别是整鱼）的菜肴，如“红烧鱼”“干烧鱼”。出勺时先选好角度，将勺做小幅度翻动，并趁势将手勺插到原料下面，然后将勺端近盘边，锅身倾斜，用手勺连拖带倒地把菜肴拖入盘中。拖入时勺不宜离盘太高，否则原料易断碎。

（7）直接盛入法 一般适用于单一或多种不易散碎的块形原料组成的菜肴及部分汤菜。方法是：用手勺将菜肴盛入盘中，先盛小的差的块，再盛大的好的块，并将不同原料搭配均匀，如“油焖鸡块”“红烧肉”等都用这种出勺方法。

2．常用的冷菜盛装方法

冷菜的盛装有排、堆、叠、围、摆贴、扣（覆）等多种方法，这些手法在拼摆过程中应灵活运用。

（1）排 排是将刀工处理的条、块等整齐的小型原料，整齐而有规律地排列于盘中。排选用的是整齐、大块的无骨畜肉类原料或根茎类蔬菜和瓜果原料。如火腿肠、蒸蛋糕、酱牛肉等原料，造型有方形、梯形、三角形、菱形等。

（2）堆 堆是把小型原料随意地堆放在盛器中的手法。可以散堆，也可码堆。散堆的形态比较自然，码堆能堆成多种立体的几何形，如塔形、三角锥形等。堆选用的是加工成松、丝、末、粒、块、条、段、丁和球的原料，如蛋松、鱼松、蜇皮、萝卜丝、芹菜、红枣、花生粒等。造型有馒头形、塔形和自然形等。

（3）叠 叠是把切成片的原料有规则地一片压一片叠成阶梯形（又称瓦楞形），或把块、条状原料一层层叠放在盛器中的手法。叠选用的是无骨片状、条状或柴把状的原料，如火腿、白肉、冬笋、莴笋、柴把鸭等。造型有桥拱形、四方形和图案形。

（4）围 围是把加工成形或整形的小型原料，排列于圆盘四周成环形，或层层围绕成层次和花纹的手法。在主要原料的周围用其他原料围上一圈，叫围边。将主要原料围成花朵形，中间用其他料做花心，叫排围。围使用的原料范围较广，选用可加工成条、圆片、梳子片、球形、鸡心形的动植物原料。

（5）摆 摆是运用各种技法，将不同形状和色彩的原料，摆放成花鸟鱼虫等图案的手法。摆是造型冷菜中常使用的一种手法，所使用原料的范围较广，选用可加工成块、片、条、丝、丁、末或整形的动植物原料，但单碟选用的原料品种不宜过多，造型要简洁，色彩要协调。

（6）贴 贴是将薄小的不同性状原料黏附在较大物象表面的手法，如对鱼、龙等造型时的贴鳞，对鸡、孔雀等造型时的贴羽毛等。

（7）扣 扣也称“覆”，意为成形的原料一次性移入盘内。扣是将加工成形的原料整齐地排放在扣碗内，再反扣入碟，或将加胶质的原料入模具冻结后，再反扣入碟的手法，其选用的原料范围较广，以片、块、丝、丁、粒为多，如鸡丝、猪舌、虾仁、水果等。

思考与练习

1. 阐述果蔬原料的初加工工艺流程和方法。
2. 阐述畜禽原料的初加工工艺流程和方法。
3. 阐述水产类原料的初加工工艺流程和方法。
4. 简述干货原料的涨发工艺和方法。
5. 刀工的概念和基本要求是什么?
6. 刀工有哪些作用?
7. 什么是刀法? 刀法的种类有哪些?
8. 常见的基本料形有哪些?
9. 常用的剞花工艺有哪些?
10. 什么是勺工? 勺工的作用有哪些?
11. 勺工的基本要求有哪些?
12. 用表格的形式呈现常用的热菜/冷菜烹调方法。
13. 用思维导图的形式呈现面团种类。
14. 火力的种类有哪些? 分别有什么特点?
15. 什么是味? 什么是味觉?
16. 调味有什么作用?
17. 调味的方法有哪些?
18. 常见的味型有哪些?
19. 汤的种类有哪些?
20. 制汤的方法有哪些?
21. 制汤的关键因素有哪些?
22. 初步熟处理有什么作用?
23. 初步熟处理的种类有哪些?
24. 什么是上浆? 什么是挂糊?
25. 浆、糊的种类有哪些?
26. 装盘有什么要求?
27. 常用的热菜/冷菜装盘方法有哪些?

第五章

中国饮食风味流派

第一节　中国饮食风味的形成

我国是一个拥有辽阔疆土的国家，各地区的自然条件、地理环境和物产资源有着很大的差别，如“南米北面”的饮食特点，古已有之，这是各地人民的饮食品种和口味习惯各不相同的物质基础和先决条件。物产决定了人们的食性，而长期形成的对某些独特口味的追求，渐渐地变成了难以改变的习性，成为饮食习惯中的重要组成部分。所谓“南甜北咸，东辣西酸”地域性群体口味的形成，也是顺理成章的事情。正因为如此，中国的饮食才形成了各种风味流派，其中最有代表性就是各具特色的菜肴体系。

所谓菜肴体系，即当前人们所通称的菜系，是指具有明显地域特色的饮食风味体系。它以地域性的群体口味为主要特征，以独具一格的烹调方法、调味手段、风味菜式、辐射区域、历史文化传统为基本内涵，并且在国内外的传播与交流中形成了一定的影响。严格意义上讲，中国菜肴体系的形成不是按不同时代的行政区辖划分的。如学术界公认的“三大文化流域孕育了四大菜系”就是以文明背景与文化特征为依据的。如此一来，就有了黄河文化流域的鲁菜、长江文化流域上游的川菜、长江文化流域下游的淮扬菜、珠江文化流域的粤菜。

一、中国饮食风味流派形成的主要因素

简而言之，我国饮食菜肴风味流派各具特色，饮食风俗鲜明迥异，名菜名点琳琅满目，其形成的原因是多方面的。既有自然的因素，也有历史的因素；既有政治的因素，也有文化方面的因素，更有聪慧、辛勤华夏民众与专业厨师们勤劳创造的因素。

1．自然、物产是基础条件

地理环境、气候及物产是形成地方饮食风味的基本条件与关键性因素。自然地理

的不同、气候水土的差异，必然形成物产不同、风俗各异的地域性格局。我国疆域辽阔，分为寒温带、中温带、暖温带、亚热带、热带和青藏高原6个气温带，加之地形复杂，山川丘原与江河湖海纵横交错，适于不同动植物的生长，由于各地动植物的不同，便出现以本土原料为主体的地方菜品。正如元代于钦《齐乘》所说“土地所生有饮食之异”，以及《史记》的“人各任其能，竭其力，以其所欲”都是指这个意思。《黄帝内经》还谈过地理环境对人生理和食性的影响。清人徐珂也指出：“人类所用之食物，实视气候之寒暖为标准。”俗语所谓“一方水土养一方人”就是这个道理，属于自然规律使然。很显然，是物产决定食性，并影响烹调技艺，也影响到食俗食风与菜肴风味特色的形成与发展。

2．历史、政治是人文环境

从我国历史上看，一些古城古邑曾是国家政治、经济和文化的中心，西安、洛阳、开封、杭州、南京、北京是驰名的古都；济南、广州、福州、上海、武汉、成都是繁华的商埠。这些古代的大都市，人口相对集中，商业十分繁荣，加之历代统治者讲究饮食，宫廷御膳、官府排筵、商贾逐味、文人雅集，这些不仅大大地刺激了当地烹饪技术的提高和发展，也对菜系的生成产生过积极而深远的影响。至于秦菜与唐代珍馐关系密切，鲁菜与清代宫廷名菜渊源深厚，苏菜中保留着“十里春风的艳彩”，鄂菜中能看到“九省通衢”的踪影，川菜体现了“天府之国”的风貌，粤菜有“门户开放”后的遗痕，更可说明这一问题。

3．宗教、风俗是影响因素

宗教是人类文化发展过程的必然阶段。种种饮食习俗与文化现象，往往是由宗教的哲理衍生出来的，并折射出一个民族的文化心理。我国人口众多，宗教信仰各异，佛教、道教、伊斯兰教、基督教和其他教派，都拥有大批信徒。由于各宗教教规教义不同，生活方式也有区别。饮食是人最基本的生活需要，所以自古就有把饮食生活转移到信仰生活中去的习俗。这一习俗反映在菜品上，便孕育出素菜和中国清真菜。至于食礼、食规、食癖和食忌，这也是千百年的习染和熏陶形成的，且有固定的传承性。《清稗类钞》说：“食品之有专嗜者，食性不同，由于习尚也。”这些都是对菜肴风味体系形成与由来的合理解释。

4．市场、消费是促进条件

生产力的发展是经济繁荣的重要前提，而经济一经繁荣，市场贸易、市肆饮食也便兴旺起来，与之相应的稳定的消费群体也便应运而生，这是风味流派形成发展的重要条件。如同各种商品都是为了满足一部分人的需要生产的一样，各路菜肴也是迎合一部分食客的嗜好而问世的。人们对某一风味菜肴喜好程度的强弱，往往能决定其生命的长短和威信的高低。还由于烹饪的发展，与权贵追求享乐、民间礼尚往来、医家研究食经、文士评价馔食关系密切，所以任何菜系的兴衰都有明显的人为因素，有着明显的左右关系。更重要的是，群众对乡土菜的热爱是菜系扎根的前提。乡土风味是迷人的，人们对故乡的依恋，既有故乡的山水、亲友、乡音、习俗，也有故乡的美食。所谓“物无定味，适口者珍”“一世长者知居处，三世长者知服食”，在很大程度上是取决于共同的心理状态和长期形成的风习的。乡情、食性和菜肴风味水乳交融，支配了一个地区的烹调工艺的发展趋向。

5．文化、审美是催化作用

我国的文化板块特色鲜明，有黄河流域文化、长江流域文化、珠江流域文化、辽河流域文化等。因此形成了中原大地的雄壮之美、塞北草原粗犷之美、江南园林的优雅之美、西南山区的质朴之美和华南沃土的华丽之美，可谓绚丽多彩，各领风骚。顺应自然，以求生存，这是人与生俱来的本性。改造自然，以求更好地生活，是人类共有的特性。本性决定生活审美观的形成，而特性能够导致生活审美观的发展与升华。而所有这一切反映在饮食风味体系与菜肴体系中，其中文化气质与审美风格则必然地居于主导地位，如江南优雅之美造就出文人式的美学风格，形成精巧雅致的淮扬菜；中原雄壮之美孕育出宫廷式的美学风格，形成雄伟壮观的鲁豫菜与宫廷菜；西南质朴之美确定了平民式的美学风格，形成平实无华的巴蜀菜；塞北粗犷之美打造出牧民式的美学风格，形成蒙古族豪放朴素的蒙古族菜等。

6．工艺、筵宴是决定作用

食品烹调工艺的不断进步与发达，地方筵宴饮食风尚的兴盛与流行，是中国地方菜系形成的内部因素，在一定意义上能够起到决定性的作用。一个地方菜肴体系的形成，仅仅有着丰富的物产和悠久的历史是不够的，它需要人们的智慧与创造。具有明显风味特色的菜系之所以能够从众多地方菜中脱颖而出，靠的是什么？显然是自身的实力——烹调工艺好，名菜美点多，筵席铺排精。强大的实力可以使它们在激烈的市场竞争中保持优势。从古到今，影响大的菜系无不都是跨越省、市、区界，向四方渗透发展，朝气蓬勃。如明清以来直至晚近的鲁菜，由于厨师的大量进入皇宫，对宫廷饮食的影响极大，由于山东移民的原因对广大东北地区饮食的影响等。再如我国改革开放以来，随着南方经济的飞速发展，粤菜厨师大量北进，从而对北方各大城市产生了很大的影响。而一些较小的地方菜则只能在自己的“根据地”内活动，各方面都受到限制。究其原因，仍是实力的差距。尤其是近年来，各大菜系的竞争也相当激烈，优胜劣汰，毫不留情。总之，谁能征服食客谁就能发展，菜系的原动力就是菜品的质量和信誉。

二、中国饮食风味流派概况

中国饮食风味流派主要是指中国饮食由于不同地域和文化背景的差异所形成的菜

肴体系，宏观上也包括面点等其他方面。

菜肴体系的划分是一个非常复杂的问题，如果按照菜肴食用对象为依据来划分，则可分为宫廷菜、官府菜、民间菜、民族菜、寺院菜、地方菜。所谓宫廷菜，就是历代皇室御膳厨师专为皇室烹制的菜肴，如明宫菜、清宫菜等；官府菜就是封建社会地位显赫的王公贵族官府内所制作的菜肴，如孔府菜、谭家菜等；而民间菜则是流行于乡村民间家庭、市肆，非专业烹饪人员所制的菜肴，如田野菜、山野菜等；民族菜是流行于各民族间独特的、与其他民族不同风味的菜肴，如傣家菜、满族菜等；寺院菜就是流行于众多庙宇、寺院、道观中专供出家人食用的一类菜肴，如素菜、道家菜等；地方菜是以地域范围内相似的群体口味为主形成的菜肴体系，古称帮口，如山东菜、四川菜等。

中国最具有代表意义的是著名的“三大文化流域孕育四大菜系”，即黄河文化流域的鲁菜、长江文化流域上游的川菜、长江文化流域下游的苏菜、珠江文化流域的粤菜。不过，随着历史进程的变化，四大菜系在饮食风味的涵盖度上越来越显示出了它的模糊性。因此，其他说法随之诞生。首先是八大菜系的划分观点，八大菜系是在原有四大菜系的基础上，增加了浙、湘、闽、徽，成为八大菜系。如果在八大菜系的基础上加上北京和上海就构成了十大风味流派。

改革开放以来，随着各地经济的繁荣发展，出于促进改善、提高广大人民群众饮食生活水平为前提的地方经济发展的需要，各地都在不断开发地方资源。于是，各地都以富有地方特色为理由而争取菜系的成立。十六大菜系、新八大菜系、小八大菜系以及地标菜等应运而生。

第二节　中国主要饮食风味流派

一、黄河流域及其以北风味流派

中国黄河流域及其以北风味流派，是一个地域广大的范围，主要是黄河中下游流域以及在口味特征上与之相同或相近的北方地区，包括山东、河南、陕西、山西、河北、北京、天津以及东北三省。这一广大地区民众的基本饮食特征是咸鲜为主、口味纯正，较为适中。其中以山东、河南、河北、北京、天津等为代表，陕西口味除咸鲜之外，略偏重于酸辣咸，而山西则略偏重于酸咸，东北三省的辽宁、吉林、黑龙江则以口味厚重醇浓为特征。在这一区域内，各地饮食风味虽然有共同之处，但也展现出了丰富多彩的风貌，主要代表的风味流派有鲁菜、豫菜、陕菜、京菜、辽菜等。

1. 鲁菜

鲁菜，又称山东菜。历史悠久，影响广泛，是中国饮食文化的重要组成部分，成为中国四大菜系之一。鲁菜以其味鲜咸脆嫩，口味纯正，风味独特，制作精细享誉海内外。《黄帝内经》云："东方之域，天地之所始生也。鱼盐之地，海滨傍水，其民食鱼而嗜咸，皆安其处，美其食。"齐鲁大地就是依山傍海、物产丰富、经济发达的美好地域，为饮食文化的发展、山东菜系的形成，提供了良好的条件。早在春秋战国时代齐桓公的宠臣易牙就曾是以"善和五味"而著称的名厨；南朝时，高阳太守贾思勰在其著作《齐民要术》中，对黄河中下游地区的烹饪术做了较系统的总结、记下了众多名菜做法，反映当时鲁菜发展的高超技艺；唐代段文昌，山东临淄人（今属淄博市辖区），穆宗时任宰相，精于饮食，并自编食经五十卷，成为历史掌故。到了宋代，宋都汴梁所作"北食"即鲁菜的别称，已颇具规模。明清两代，已经自成菜系，从齐鲁而京畿，从关内到关外，影响所及已达黄河流域中下游、京津、东北地带，有着广阔的饮食群众基础。

山东古为齐鲁之邦，地处半岛，三面环海，腹地有丘陵平原，气候适宜，四季分明。海鲜水族、粮油牲畜、蔬菜果品一应俱全，为烹饪提供了丰盛的物质条件。庖厨烹技全面，巧于用料，注重调味，适应面广。其中尤以"爆、炒、烧"等最有特色。正如清代袁枚称："滚油炮（爆）炒，加料起锅，以极脆为佳。此北人法也。"瞬间完成，营养素保护好，食之清爽不腻；烧有红烧、白烧，著名的"九转大肠"是烧菜的代表；"塌"是山东独有的烹调方法，其主料要事先用调料腌渍入味或夹入馅心，再沾粉或挂糊。两面塌煎至金黄色。放入调料或清汤，以慢火塌尽汤汁。使之浸入主料，增加鲜味。山东广为流传的锅塌豆腐、锅塌菠菜等，都是久为人们所乐道的传统名菜。

鲁菜还精于制汤。汤有"清汤""奶汤"之别。《齐民要术》中就有制作清汤的记载，是鲁菜烹调提鲜的关键调料。素有"厨师的汤，唱戏的腔"之称。经过长期实践，现已演变为用肥鸡、肥鸭、猪肘为主料，经沸煮、微煮，使汤清澈见底，味道鲜美。奶汤则呈乳白色。用"清汤"和"奶汤"制作的菜肴，多被列为高级宴席的珍馐美味。

随着历史的演变和经济、文化、交通事业的发展，鲁菜逐渐形成了济南、胶东、济宁为代表的地方风味，而不拘一格的孔府菜在近几十年中也成为鲁菜的标志。

泉城济南，自金、元以后便设为省治，济南的烹饪大师们利用丰富的资源，全面继承传统技艺，广泛吸收外地经验。把东路福山、南路济宁、曲阜的烹调技艺融为一体，将当地的烹调技术推向精湛完美的境界。济南菜取料广泛，上至山珍海味，下至瓜果菜蔬，就是极为平常的蒲菜、芸豆、豆腐和畜禽内脏等，一经精心调制，即可成为脍炙人口的美味佳肴。济南菜讲究清香、鲜嫩、味纯，有"一菜一味，百菜不重"

之称。鲁菜精于制汤，则以济南为代表。济南的清汤、奶汤极为考究，独具一格。在济南菜中，用爆、炒、烧、炸、㸆、扒等技法烹制的名菜就达二三百种之多。

胶东风味以烟台、青岛菜为代表，以烹制海鲜见长。胶东菜源于福山，距今已有700余年历史。福山地区作为烹饪之乡，曾涌现出许多名厨高手，通过他们的努力，使福山菜流传于省内外，并对鲁菜的传播和发展做出了贡献。烟台是一座美丽的滨海城市，山清水秀，果香鱼肥，素有"渤海明珠"美称。"灯火家家市，笙歌处处楼"，是历史上对烟台酒楼之盛的生动写照。用海味制作的宴席，如全鱼席、海参席、海蟹席、小鲜席等，构成品类纷繁的海味菜单。青岛菜在保持胶东菜传统风味的基础上又受到西式菜肴烹饪的影响，是胶东菜创新发展的代表。

济宁风味主要指微山湖区饮食风格的菜肴，源于古代鲁国文化的属地内，具有丰富的淡水水产资源。"鲁"字本身就有"日食有鱼"的含义。菜肴富有乡土气息、质朴典雅，发展到后来融南北方的特长为一体。而坐落在山东曲阜的孔府，自古以来优越的社会地位与经济保障，在孔府历代厨师的不断创新努力下，奠定了孔府菜的基础，形成了从接待上自历代皇帝、王公大臣，下至一般家庭饮食的完整菜肴体系，具有雅俗共赏、精美并举的特色，成为中国饮食文化发展史上具有典型意义的官府菜。

鲁菜在用料上具有明显的地域特色，体现海产与陆产结合，高端与普通共用。讲究选料，长于鉴别。在味型上则讲究调味纯正，以鲜咸为主，善用葱蒜。沿海以鲜活海味的原味取鲜，内陆以吊制清汤调味取鲜。在烹调技法上丰富繁多，有爆、炒、烧、扒、烩、汆、熘、炸、熬、蒸、烤、熏、腊、拔丝、挂霜、琉璃、蜜汁、水晶等。其中尤以爆、炒最能体现鲁菜快速出菜的特色。鲁菜具有鲜爽脆嫩，突出原味，刀工考究，配伍精当，善于调和，工于火候，技法全面，菜式众多的综合特点。并且体现咸鲜脆嫩，口味纯正，讲究配伍，平和适中的特征。鲁菜中传统代表性名菜有九转大肠、清汤燕菜、奶汤鸡脯、糖醋鲤鱼、葱烧海参、清蒸加吉鱼、油爆双脆、带子上朝、八仙过海闹罗汉、诗礼银杏、青州全蝎、泰安豆腐、博山烤肉、德州脱骨扒鸡等。

2. 豫菜

河南菜简称豫菜，豫菜特色是中扒（扒菜）、西水（水席）、南锅（锅鸡、锅鱼）、北面（面食、馅饭）。就烹饪技术来说，豫菜的特色是选料严谨、刀工精细、讲究制汤、质味适中。而河南菜的烹调方法，也有50余种。扒、烧、炸、熘、爆、炒、炝别有特色。其中，扒菜更为独到，素有"扒菜不勾芡，汤汁自来黏"的美称。另外，河南爆菜时多用武火，热锅凉油，操作迅速，质地脆嫩，汁色乳白。

河南菜，历史悠久，源远流长。根据仰韶、后冈（安阳县）、新郑等地出土文物的考证，早在5000年前，中华民族的祖先已在此居住，并形成了相当发达的文化底蕴。夏商两代，虽不断迁徙，但其都城多在河南境内。《左传·昭公四年》说："夏启有钧台之享。”杜预注：“河南阳翟县南有钧台陂，盖启享诸侯于此。”这是我国最早的宴会记录。商朝开国宰相伊尹，出生于“伊水之滨”（今伊川、嵩县之间），“耕于有莘之野”（今莘县莘亭镇），擅割烹，“善均五味”，被后人推崇为烹调始祖。洛阳自东周到五代有九个朝代建都，开封自战国到金朝有七个朝代建都。我国八大古都，河南省占据其四。周朝建都洛阳之后，饮食制度已初步建立。《周礼·天官》记载有“膳夫、庖人、内饔、外饔、亨人、猎人、食医”等职官，负责国王、王后的膳馐、食疗及祭祀。北宋时的国都汴梁（今开封），已拥有上百家著名饮食店和餐馆。南宋诗人曾作诗咏道：“梁园歌舞足风流，美酒如刀割断愁。记得承平多乐事，夜深灯火上樊楼。”樊楼是北宋时东京市场上有名的北食店之一。

河南菜总的特点是：鲜香清淡，四季分明，形色典雅，质味适中，可以说与中国菜的南味、北味有所区别，而又兼其所长。著名的菜肴品种有洛阳燕菜、开封糖醋软熘鲤鱼焙面、套四宝、卫源清蒸白鳝、司马怀府鸡、郑州二鲜铁锅蛋、信阳桂花皮丝、清蒸白鳝、琥珀冬瓜、烧臆子等。

3．陕菜

陕菜，即陕西菜，又称为秦菜，但近年来学界和陕西饮食界更趋向于陕菜的名称。广义的陕菜包括陕西、甘肃、宁夏、青海、新疆等地方风味，是我国西北饮食风味的简称，而以陕西菜具有代表性。现在所说的陕菜是以关中风味菜、陕南风味菜、陕北风味菜为其代表组成的陕西菜肴体系。陕菜起源于周秦时期的关中平原，活跃在渭水两岸，扩展于陕南陕北，对晋、豫和西北各地风味都有一定的影响。

陕西在中国文化发展史上具有重要地位，其烹饪发展可以上溯至仰韶文化时期。虽然八大菜系中没有陕西菜的名字，但其实陕菜是中国最古老的菜系之一。它的形成发展对我国其他的菜系或多或少都产生了一定影响，尤其是在我国的北方地区。陕菜形成要从历史追溯到古人开拓周原开始。随着其后周的强大，其饮食逐渐丰富。我国的大西北地区，历史上包括从长安到地中海东岸罗马帝国和黑海口君士坦丁堡的“古丝绸之路”辽阔的地域空间，由于当时的政治、经济、文化、贸易的发展，形成的许多名胜古迹，也带来了膳食饮馔相应的发展。

在春秋战国时代，陕西为秦国治地，故简称“秦”。甘肃省境大都在陇山之西，古代曾有“陇西郡”“陇右郡”的设置，故简称“陇”。因此形成的秦陇风味，成为陕菜的代表。从宏观的层面看，陕菜主要由衙门菜、商贾菜、市肆菜、民间菜和以清真菜为主的少数民族菜组成。衙门菜，又称官府菜，历史悠久，以典雅见长，如“带把肘子”“箸头春”等。商贾菜以名贵取胜。市肆菜以西安、咸阳等重镇中心的名楼、名店的肴馔为主，为了招徕顾客，竞争激烈，各有千秋，代表名菜如“明四喜”“奶汤锅子鱼”“煨鱿鱼丝”“烩肉三鲜”等。民间菜经济实惠，富有浓厚的乡土气息，如“光头鱼片”“肉丝烧茄子”“葫芦头”等。清真菜，历经明、清，初具规模，如“全羊席”，闻名遐迩。陕菜的几个组成部分各有特色，但由于市肆菜和民间菜品种繁多，名厨如云，占有地理优势，富有浓郁的秦陕地域特色，且接触面大，覆盖面广，在保持传统特色的基础上，不断创新发展，充实提高，始终居陕菜的主导地位，对衙门菜、商贾菜和少数民族菜的发展，有一定的影响。但以回族为代表的少数民族菜，由于风格独特，特色鲜明，近年来得到了广大消费者的青睐，从而得到了长足的发展，成为陕菜重要的组成部分。

陕菜具有“三突出”的特色：一为主料突出，以牛羊肉为主，以山珍野味为辅；二为主味突出，一个菜肴所用的调味品虽多，但每个菜肴的主味却只有一个，酸辣苦甜咸只有一味出头，其他味居从属地位；三为香味突出，除多用香菜作配料外，还常选干辣椒、陈醋和花椒等。干辣椒经油烹后拣出，是一种香辣，辣而不烈。醋经油烹，酸味减弱，香味增加。花椒经油烹，麻味减少，椒香味增加，选用这些调料的目的，并非单纯为了辣、酸、麻，主要是取其香。烹饪技法，则以烧、蒸、煨、炒、汆、炝为主，多采用古老的传统烹调方法，如石烹法，至今沿用，可谓古风犹存。烧、蒸菜，形状完整，汁浓味香，特点突出。清汆菜，汤清见底，主料脆嫩，鲜香光滑，清爽利口。温拌菜，不凉不热，蒜香扑鼻，乡土气息极浓。

陕菜代表菜主要有：奶汤锅子鱼、遍地锦装鳖、温拌腰丝、红烧金鲤等。

4．京菜

北京菜又称京帮菜，是以北方菜为基础，兼收各地风味后形成的。北京因其都城的特殊地位，集全国烹饪技术之大成，不断地吸收各地饮食精华。吸收了汉满等民族饮食精华的宫廷风味以及在广东菜基础上兼采各地风味之长形成的谭家菜，也为京帮菜带来了光彩。北京菜中，最具有特色的要算是烤鸭和涮羊肉。烤鸭是北京的名菜，涮羊肉、烤牛肉、烤羊肉原是北方少数民族的食法，辽代墓壁画中就有众人围火锅吃涮羊肉的画面。现在，涮羊肉所用的配料丰富多样，味道鲜美，其制法几乎家喻户晓。

一般来说，北京菜起源于金、元、明、清的御膳、官府和食肆，受鲁菜、满族菜、清真风味和江南名食的影响较大，波及天津和华北，近年来已推向海外。它由本地乡土风味、齐鲁风味、蒙古族风味、清真风味、宫廷风味、斋食风味、江南风味7个分支构成。其风味特色是：选料考究，调配和谐，以爆、烤、涮、扒见长；酥脆鲜嫩，汤浓味足，形质并重，菜路宽广，品类繁多，广集全国美食之大成。

近几十年来，北京人口激增，全国各地来北京定居的人口占相当大的比重，他们带来了各地区的饮食习俗，这是我国各地饮食风俗空前的大融合。北京传统的饮食习惯、饮食风俗逐渐淡化。能代表北京饮食文化成就的，应首推北京的众多菜肴。北京菜富有代表意义的传统名菜主要有：北京烤鸭、涮羊肉、三元牛头、干炸丸子、一品燕菜、八宝豆腐等。

5．辽菜

辽菜是继中国八大菜系之后，推出的一个新菜系，它是根据辽宁地区民族特点、区域特点、饮食习俗、烹饪技法创建的一个地方菜系。辽菜历史源远流长，它的形成与辽宁的政治、历史、地理、民族、文化、风俗、资源及经济发展的因素有密切联系。辽菜是利用辽宁产的绿色食品原料和特有的烹饪工艺，并结合辽宁地区各民族饮食文化和习俗形成的独特菜系。清朝宫廷菜、王（官）府菜、市井菜、民俗菜、民族菜和海鲜构成辽菜的基本框架。

辽宁自古以来就是多民族居住的地方，创造出了灿烂的民族文化和源远流长的饮食文化。据考证，辽菜有3000余年的历史。辽阳出土的东汉一号墓的庖厨壁画证明，东汉时期辽阳一带的烹饪技艺已有相当水平。进入清代，盛京（沈阳）已是清朝兴隆之地。由于大清国建都于沈阳，辽菜受满族食风影响较为深远，宫廷菜的精湛与考究、王府菜的名贵与品位、市井菜的雅俗共赏，民间菜的乡土醇厚形成了辽菜的开阔胸襟。到20世纪初，辽菜汲取了宫廷菜、京菜、鲁菜的传统技艺精华，同时融合了满、蒙古、朝鲜、汉民族菜的特点和东北地区气候山水的优势，创造了具有菜品丰富、季节分明、口味浓郁、讲究造型的辽菜特点。

辽菜在长期的发展过程中，开成了一系列风味名菜，这些品种也较为集中地体现了辽菜特色。如“拌拉皮”“酸菜粉”“尖椒土豆片”“猪肉炖豆角”“小鸡炖蘑菇”“鲇鱼炖茄子”，当然还有富有代表性的“杀猪炖菜”等，这些菜深受关内外食客的喜爱，经久不衰。

二、长江流域风味流派

我国的长江文化流域是一个风味流派荟萃的地域，包括长江上游、长江中游和长江下游各流域范围内口味特征上与之相同或相近的饮食范围体系。该区域内包括四川、重庆、安徽、湖南、湖北、江苏、浙江、上海、江西等省市。这一广大地区民众的基本饮食特征是口味多样，中上游略偏重于以辣咸为主，兼具麻、酸；中下游则以口味甜咸见长，清鲜淡雅。在这一区域内，沿长江流域各地饮食风味展现出了丰富多彩的风貌，主要代表的风味流派有川菜、苏菜、湘菜、徽菜、浙菜、沪菜等。

1．川菜

四川菜，简称川菜，川菜饮食文化是巴蜀文化的重要组成部分，它发源于古代的巴国和蜀国。川菜的发展有着优越的自然条件，川地位于长江中上游，四面皆山，气候温湿，烹饪原料丰富多样，川南菌桂荔枝硕果累累，川北鳞介禽兽品种珍异，川东井盐香料尤佳，川西三椒茂盛。川地江河纵横，水源充沛，水产品种特异，如江团、肥沱、腾子鱼、东坡墨鱼、剑鱼等，质优而名贵。山岳深丘中盛产野味，如贝母鸡、虫草、竹荪、天麻等。调味品更是多彩出奇，如自贡的川盐、阆中的保宁醋、内江的糖、永江的豆豉、德阳的酱油、郫县（现郫都区）的豆瓣、茂汶的花椒等。这些特产为川菜的发展提供了必要而特殊的物质基础。

一般来说，川菜是以成都、重庆两个地方菜为代表，选料讲究，规格划一，层次分明，鲜明协调。川菜作为我国八大菜系之一，在我国烹饪史上占有重要地位，它取材广泛，调味多变，菜式多样，口味清鲜醇浓并重，以善用麻辣著称，并以其别具一格的烹调方法和浓郁的地方风味，融汇了东南西北各方的特点，博采众家之长，善于吸收，善于创新，享誉中外。

川菜起源于古巴蜀文化，但从地方风味的代表流派看，习惯上分为以成都和乐山菜为主的上河帮、以重庆和达州菜为主的下河帮、以自贡和内江为主的小河帮。上河帮菜肴的特点是口味清淡，传统菜品较多，小吃多样。菜式讲求用料精细准确，严格以传统经典菜谱为准，其味温和，绵香悠长。其著名菜品有麻婆豆腐、回锅肉、宫保鸡丁、盐烧白、粉蒸肉、夫妻肺片、蚂蚁上树、灯影牛肉、蒜泥白肉、樟茶鸭子、白油豆腐、鱼香肉丝、泉水豆花、盐煎肉、干煸鳝片、东坡墨鱼、清蒸江团等。下河帮的特点是以家常菜为主，比较麻辣，多有创新。菜式大方粗犷，以花样翻新迅速、用料大胆、不拘泥于材料著称，俗称江湖菜。大多起源于市民家庭厨房或路边小店，并逐渐在市民中流传。以重庆火锅为代表的菜肴近几年来在全国范围内大受欢迎，不少的川菜馆主要菜品均为重庆川菜。其代表作有酸菜鱼、毛血旺、口水鸡等，有干菜炖烧系列；有水煮肉片和水煮鱼为代表的水煮系列；有辣子鸡、辣子田螺和辣子肥肠为代表的辣子系列；有泉水鸡、烧鸡公、芋儿鸡和啤酒鸭为代表的干烧系列；有泡椒鸡杂、泡椒鱿鱼和泡椒兔为代表的泡椒系列；有干锅排骨和香辣虾为代表的干锅系列等。风靡海内外的麻辣火锅、毛肚火锅发源于重庆，因为其内涵已超出川菜的范围，通常被认为是一个独立的膳食体系而被视作中国饮食文化的组成部分。小河帮，又称为盐帮菜，其特点是大气，怪异，高端。

四川各地小吃通常也被看作是川菜的组成部分。主要有担担面、川北凉粉、麻辣小面、酸辣粉、叶儿粑、酸辣豆花等以及用创始人姓氏命名的赖汤圆、龙抄手、钟水饺、吴抄手等。川菜在调味上具有明显特点，突出麻、辣、香、鲜、油大、味厚，重用辣椒、花椒、胡椒和鲜姜。常见的调味方法有干烧、鱼香、怪味、椒麻、红油、姜汁、糖醋、荔枝、蒜泥等复合味型，形成了川菜的特殊风味，享有“一菜一格，百菜百味”的美誉。

2. 苏菜

江苏菜，简称苏菜，还因为淮扬风味在江苏菜中占有重要地位，因而也被称为淮扬菜。苏菜是我国长江下游地区饮食风味体系的代表，发展历史悠久，文化积淀深厚，具有鲜明的江南饮食风味特色。

江苏是我国名厨荟萃的地方，我国第一位典籍留名的职业厨师和第一座以厨师姓氏命名的城市均在这里。彭祖制作野鸡羹供帝尧食用，被封为大彭国，即今天的徐州，故名彭铿，又名彭祖。夏禹时代，“淮夷贡鱼”，淮水出产的白鱼直至明清均系贡品。“菜之美者，具区之菁”，商汤时期的太湖佳蔬韭菜花已登大雅之堂。早在2000多年前，吴人即善制炙鱼、蒸鱼和鱼片。春秋时齐国的易牙曾在徐州传艺，由他创制的“鱼腹藏羊肉”千古流传，是为“鲜”字之本。专诸为刺吴王，在太湖向太和公学“全鱼炙”，其炙鱼技术影响广泛，如现在苏州松鹤楼的“松鼠鳜鱼”。汉代淮南王刘安在八公山上发明了豆腐，首先在苏、皖地区流传。汉武帝逐夷民至海边，发现渔民所嗜“鱼肠”滋味甚美，南宋时期的明帝也酷嗜此食。其实“鱼肠”就是乌贼鱼的卵巢精白。名医华佗在江苏行医时，与其江苏弟子吴晋均提倡“火化”熟食，即食物疗法。梁武帝萧衍信佛，提倡素食，以面筋为肴。晋人葛洪有“五芝”之说，对江苏食用菌影响颇大。南宋时，苏菜和浙菜同为“南食”的两大台柱，吴僧赞宁撰《笋谱》，总结食笋的经验。豆腐、面筋、笋、蕈号称素菜的“四大金刚”。这些美食的发源都与江苏有关。南北朝时南京“天厨”能用一个瓜做出几十种菜，一种菜又能做出几十种风味来。此外，腌制咸蛋、酱制黄瓜，在1500年前就已载入典籍。野蔬大量入馔，江苏人有“吃草”之名，高邮王盘有专著，吴承恩在《西游记》里也有所反映。江南食馔中增加了满蒙菜点，有了“满汉全席”。饮料中则是香露崭露头角。《红楼梦》中宝玉所食木樨香露，董小宛手制玫瑰香露，虎丘山塘肆所售香露均为当时滋神养体，又能使人齿颊留芳的美食。苏菜主要由金陵风味、淮扬风味、姑苏风味、徐海风味组成。

在整个苏菜系中，淮扬风味菜占主导地位。淮扬风味源自文化古城扬州和淮安，这里自古富庶繁华，文人荟萃，商业发达，因而烹饪领域高手辈出，菜点被誉为东南佳味。淮扬菜不仅历史悠久，而且也以物产富饶而称雄。水产尤其丰富，如南通的竹蛏、吕泗的海蜇、如东的文蛤等。内陆水网如织，水产更是四时有序，接连上市；土地肥沃，气候温和，粮油珍禽，干鲜果品，罗致备极，一年四季，芹蔬野味，品种众多，从而使淮扬风味生色生香，味不雷同而独具鲜明的地方特色。菜肴具有浓而不腻，淡而不薄，酥烂脱骨不失其形，滑嫩爽脆不失其味的特色。金陵风味为南京饮食特色，这里乃鱼米之乡，物产丰饶、饮食资源十分丰富。著名的水产品有享誉海内外的长江三鲜鲥鱼、刀鱼、河豚，有南京龙池鲫鱼、南京湖熟鸭等。菜肴以清新淡雅、色形优美见长。姑苏风味包括苏州、无锡一带，西到常熟，东到上海、松江、嘉定、昆山。姑苏菜与淮扬菜有同有异之妙，其虾蟹莼鲈，糕团船点味冠全省，茶食小吃，尤优于苏菜系中其他地方风味。其菜肴注重造型，讲究美观，色调绚丽，白汁清炖独具一格，兼有糟鲜红曲之味，食有奇香；口味上偏甜，无锡尤甚。徐海风味原近齐鲁风味，肉食五畜俱用，水产以海味取胜。菜肴色调浓重，口味偏咸，习尚五辛，烹调技艺多用煮、煎、炸等。

整体而言，江苏菜风格清新雅丽、制作精美。反映在刀工精细，刀法多变上。无论是工艺冷盘、花色热菜，还是瓜果雕刻，或脱骨浑制，或雕镂剔透，都显示了精湛的刀工技术。江苏名菜有水晶肴蹄、扬州炒饭、清炖蟹粉狮子头、金陵丸子、天目湖鱼头、黄泥煨鸡、清炖鸡孚、金陵桂花鸭、拆烩鱼头、碧螺虾仁、蜜汁火方、樱桃肉、松鼠鳜鱼、母油船鸭、烂糊、黄焖栗子鸡、莼菜银鱼汤、响油鳝糊、金香饼、鸡汤煮干丝、肉酿生麸、凤尾虾、三套鸭、无锡肉骨头、梁溪脆鳝、苏式酱肉和酱鸭等。

3．湘菜

湘菜，湖南菜的简称，是我国历史悠久的一个地方风味菜系。

湘菜历史悠久，早在汉朝就已经形成菜系，烹调技艺已有相当高的水平。湖南地处我国中南地区，长江中游南岸。这里气候温暖，雨量充沛，阳光充足，四季分明。南有雄崎天下的南岳衡山，北有一碧万顷的洞庭，湘、资、沅、澧四水流经全省。自然条件优厚，利于农、牧、副、渔的发展，故物产特别富饶。著名的洞庭湖平原，盛产鱼虾和湘莲，是著名的鱼米之乡。《史记》中曾记载，楚地“地势饶食，无饥馑之患”。长期以来，“湖广熟，天下足”的谚语，更是广为流传。湘东南为丘陵和盆地，农牧副渔都很发达。湘西多山，盛产笋、蕈和山珍野味。丰富的物产为饮食提供了精美的原料，著名特产有：武陵甲鱼、君山银针、祁阳笔鱼、洞庭金龟、桃源鸡、临武鸭、武冈鹅、湘莲、银鱼及湘西山区的笋、蕈和山珍野味。在长期的饮食文化和烹饪实践中，湖南人民创制了多种多样的菜肴。据考证，早在2000多年前的西汉时期，长沙地区就能用兽、禽、鱼等多种原料，以蒸、熬、煮、炙等烹调方法，制作各种款式的佳肴。随着历史的前进，及烹饪技术的不断交流，逐步形成了以湘江流域、洞庭湖区和湘西山区三种地方风味为主的湖南菜系。从湖南的新石器遗址中出土的大量精美的陶食器和酒器，以及伴随这些陶器一起出土的谷物和动物骨骸的残存来测算，证实潇湘先民早在八九千年前就脱离了茹毛饮血的原始状态，开始吃熟食了。春秋战国时期，湖南主要是楚人和越人生息的地方，多民族杂居，饮食风俗各异，祭祀之风盛行。秦汉两代，湖南的饮食文化逐步形成了一个从用料、烹调方法到风味风格都比较完整的体系，其使用原料之丰盛，烹调方法之多彩，风味之鲜美，都是比较突出的。从出土的西汉遗策中可以看出，汉代湖南饮食生活中的烹调方法比战国时代已有进一步的发展，发展到羹、炙、煎、熬、蒸、濯、脍、脯、腊、炮、醢、苴等多种。烹调用的调料就有盐、酱、豉、曲、糖、蜜、韭、梅、桂皮、花椒、茱萸等。由于湖南物产丰富，素有“鱼米之乡”的美称，所以自唐宋以来，尤其在明清之际湖南饮食文化的发展更趋完善，逐步形成了全国八大菜系中的一支。

具有鲜明特色的湘菜是由湘江风味、洞庭湖区风味和湘西山区风味为主构成。湘江流域的菜以长沙、衡阳、湘潭为中心，是湖南菜系的主要代表。它制作精细，用料广泛，口味多变，品种繁多。其特点是油重色浓，讲求实惠，在品味上注重酸辣、香鲜、软嫩。在制法上以煨、炖、腊、蒸、炒诸法见称。煨、炖讲究微火烹调，煨则味透汁浓，炖则汤清如镜；腊味制法包括烟熏、卤制、叉烧，著名的湖南腊肉系烟熏制品，既作冷盘，又可热炒，或用优质原汤蒸；炒则突出鲜、嫩、香、辣，市井皆知。著名代表菜有海参盆蒸、腊味合蒸、走油豆豉扣肉、麻辣仔鸡等，都是名菜佳肴。洞庭湖区的菜以烹制河鲜、家禽和家畜见长，多用炖、烧、蒸、腊的制法，其特点是芡大油厚，咸辣香软。炖菜常用火锅上桌，民间则用蒸钵置泥炉上炖煮，俗称蒸钵炉子。往往是边煮边吃边下料，滚热鲜嫩，津津有味，当地有“不愿进朝当驸马，只要蒸钵炉子咕咕嘎”的民谣，充分说明炖菜广为人民喜爱。代表菜有洞庭金龟、网油叉烧、洞庭鳜鱼、蝴蝶飘海、冰糖湘莲等，皆为有口皆碑的洞庭湖区名肴。湘西山区菜擅长制作山珍野味、烟熏腊肉和各种腌肉，口味侧重咸香酸辣，常以柴炭作燃料，有浓厚的山乡风味。代表菜有红烧寒菌、板栗烧菜心、湘西酸肉、炒血鸭等，皆为驰名湘西的佳肴。

湘菜的共同风味代表是辣味菜和腊味菜。以辣味强烈著称的朝天辣椒，全省各地均有出产，是制作辣味菜的主要原料。腊肉的制作历史悠久，在我国相传已有2000多年历史。整体来看，湘菜则是以刀工精细，形味兼美，调味多变，酸辣著称，讲究原汁，技法多样，尤重煨烤的特点见称。

4．徽菜

徽菜，是安徽菜的简称，安徽菜起源于汉魏时期的歙州，发端于唐宋，兴盛于明清，民国期间继续发展，中华人民共和国成立以后进一步发扬光大。徽菜是我国饮食文化发展历史上典型的“因商而彰”的菜肴体系，明、清年间，徽菜餐馆遍及三大流域的众多大中城市及地方重镇。徽菜具有浓郁的地方特色和深厚的文化底蕴，是中华饮食文化宝库中一颗璀璨的明珠。徽菜的形成与江南古徽州独特的地理环境、人文环境、饮食习俗密切相关。绿树丛荫、沟壑纵横、气候宜人的徽州自然环境，为徽菜提供了取之不尽、用之不竭的徽菜原料。得天独厚的条件成为徽菜发展的有力物质保障，同时徽州名目繁多的风俗礼仪、时节活动，也有力地促进了徽菜的形成和发展。

徽州，古称新安，自秦置郡县以来，已有2200余年的历史，溯源追本，这里曾先后设新都郡、新安郡、歙州等，宋徽宗宣和三年（1121年），改歙州为徽州，历元、明、清三代，统“一府六县”（徽州府、歙县、休宁、婺源、祁门、黟县、绩溪，除婺源今属江西省外，其余今皆属安徽省）行政版属相对稳定。1987年11月，国务院批准改徽州地区为黄山市。仅以绩溪而言，民间宴席中，县城有六大盘、十碗细点四，岭北有吃四盘、一品锅，岭南有九碗六、十碗八等，饮食文化非常发达。徽州风味的主要特点是：擅长烧、炖，讲究火功，并以火腿佐味、冰糖提鲜，善于保持原汁原味。不少菜肴都是用木炭火单炖、单㸆，原锅上桌，不仅体现了徽州古朴典雅的风格，而且香气四溢，诱人食欲。其代表菜有清炖马蹄、黄山炖鸽、腌鲜鳜鱼、徽州毛豆腐、徽州桃脂烧肉等。

除了徽州风味，安徽菜系还包括沿江风味和沿淮风味。沿江风味，以芜湖、安庆地区为代表，主要流行于沿江，以后也传到合肥地区。沿江风味以烹调河鲜、家禽见长，讲究刀工，注意形色，善于用糖调味，擅长红烧、清蒸和烟熏技艺，其菜肴具有酥嫩、鲜醇、清爽、浓香的特色。代表菜有清香炒乌鸡、生熏仔鸡、八大锤、毛峰熏鲥鱼、火烘鱼、蟹黄虾盅等。“菜花甲鱼菊花蟹，刀鱼过后鲥鱼来，春笋蚕豆荷花藕，八月桂花鹅鸭肥”，鲜明地体现了沿江人民的食俗情趣。沿淮风味，是以蚌埠、宿县、阜阳等地为代表，主要流行于安徽中北部。沿淮风味有质朴、酥脆，咸鲜、爽口的特色。在烹调上长于烧、炸、熘等技法，善用芫荽、辣椒配色佐味。代表菜有奶汁肥王鱼、香炸琵琶虾、鱼咬羊、老蚌怀珠、朱洪武豆腐、焦炸羊肉等。

徽菜在整体上看，其风味特色是长于制作山珍海味，精于烧炖、烟熏和糖调；重油、重色、重火力，原汁原味。代表性名菜有无为熏鸡、清蒸鹰龟、屯溪臭鳜鱼、八公山豆腐、软炸石鸡、毛峰熏鲥鱼、和县炸麻雀、酥鲫鱼、金雀舌、葡萄鱼、椿芽拌鸡丝等。

5．浙菜

浙江菜，简称浙菜，是著名的八大菜系之一。浙菜富有江南特色，历史悠久，源远流长，是中国著名的地方菜种。浙菜起源于新石器时代的河姆渡文化，经越国先民的开拓积累，汉唐时期的成熟定型，宋元时期的繁荣和明清时期的发展，浙江菜的基本风格已经形成。

浙江菜的形成有其历史的原因，同时也受资源特产的影响。浙江濒临东海，气候温和，水陆交通方便，其境内北半部地处我国“东南富庶”的长江三角洲平原，土地肥沃，河汉密布，盛产稻、麦、粟、豆、果蔬，水产资源十分丰富，四季时鲜源源上市；西南部丘陵起伏，盛产山珍野味，农舍鸡鸭成群，牛羊肥壮，无不为烹饪提供了殷实富足的原料。特产有富春江鲥鱼、舟山黄鱼、金华火腿、杭州油乡豆腐皮、西湖莼菜、绍兴麻鸭、越鸡和酒、西湖龙井茶、舟山梭子蟹、安吉竹鸡、黄岩蜜橘等。丰富的烹饪资源、众多的名优特产与卓越的烹饪技艺相结合，使浙江菜出类拔萃地独成体系。

浙菜主要由杭州、宁波、绍兴、温州四个地方风味所组成，各自带有浓厚的地方特色。杭州菜历史悠久，自南宋迁都临安（今杭州）后，商市繁荣，各地食店相继进入临安，菜馆、食店众多，而且效仿京师。据南宋《梦粱录》记载，当时“杭城食店，多是效学京师人，开张亦御厨体式，贵官家品件”。经营名菜有“百味羹”“五味焙鸡”“米脯风鳗”“酒蒸鳅鱼”等近百种。明清年间，杭州又成为全国著名的风景区，游览杭州的帝王将相和文人骚客日益增多，饮食业更为发展，名菜名点大批涌现，杭州成为既有美丽的西湖，又有脍炙人口的名菜名点的著名城市。杭州菜制作精细，品种多样，清鲜爽脆，淡雅典丽，是浙菜的主流。名菜如西湖醋鱼、东坡肉、龙井虾仁、油焖春笋、西湖莼菜汤等，集中反映了“杭菜”的风味特点。改革开放以来，随着浙江经济的迅猛发展，“杭州菜”以其特有的魅力吸引了大江南北的食客，“杭州菜”馆如今已经遍布祖国各地。宁波菜以“鲜咸合一”，蒸、烤、炖制海味见长，讲究嫩、软、滑，注重保持原汁原味，色泽较浓。著名菜肴有雪菜大汤黄鱼、薹菜拖黄鱼、木鱼大烤、冰糖甲鱼、锅烧鳗、熘黄青蟹、宁波烧鹅等。绍兴菜富有江南水乡风味，作料以鱼虾河鲜和鸡鸭家禽、豆类、笋类为主，讲究香酥绵糯、原汤原汁，轻油忌辣，汁浓味重。其烹调常用鲜料配腌腊食品同蒸或炖，且多用绍酒烹制，故香味浓烈。

著名菜肴有糟熘虾仁、干菜焖肉、绍兴虾球、头肚须鱼、鉴湖鱼味、清蒸鳜鱼等。温州古称“瓯”，地处浙南沿海，当地的语言、风俗和饮食方面，都自成一体，别具一格，素以“东瓯名镇”著称。温州菜也称“瓯菜”，瓯菜则以海鲜入馔为主，口味清鲜，淡而不薄，烹调讲究“二轻一重”，即轻油、轻芡、重刀工。代表名菜有三丝敲鱼、双味蝤蛑、橘络鱼脑、蒜子鱼皮、爆墨鱼花等。

总之，浙江菜品种丰富，菜式小巧玲珑，菜品鲜美滑嫩、脆软清爽，其特点是清、香、脆、嫩、爽、鲜。原料运用讲究品种和季节时令，以充分体现原料质地的柔嫩与爽脆，所用海鲜、果蔬之品，无不以应时当令为上，所用家禽、畜类，均以特产为多，充分体现了浙菜选料讲究鲜活、用料讲究部位，遵循“四时之序”的选料原则。主要代表名菜有西湖醋鱼、东坡肉、赛蟹羹、家乡南肉、干炸响铃、荷叶粉蒸肉、西湖莼菜汤、龙井虾仁、杭州煨鸡、虎跑素火腿、干菜焖肉、蛤蜊黄鱼羹、叫花童鸡、香酥焖肉、丝瓜卤蒸黄鱼、三丝拌蛏、油焖春笋、虾爆鳝背、新风蟹鲞、雪菜大汤黄鱼、冰糖甲鱼、蜜汁灌藕、嘉兴粽子、宁波汤团、湖州千张包子等。

6．沪菜

上海菜，简称沪菜。起源于清代中叶的浦江平原，后受到各地帮口和西菜的影响，特别是受淮扬菜系的影响最大，成为今天的海派菜。

上海是我国最大的工业城市，也是世界上最大的国际贸易港口之一。近百年来，由于工业发达，商业繁荣，一直以“世界名都”著称于世。它位于我国长江三角洲，是一个沿江滨海的城市，气候温暖，四季分明，邻近江湖密布，全年盛产鱼虾，市郊菜田连片，四时蔬菜常青，物产丰富。上海是交通枢纽，采购各地特产方便，这又为上海菜的发展提供了良好的原料、调料。

自1843年上海开埠以来，随着工商业的发展，四方商贾云集，饭店酒楼应运而生。到20世纪三四十年代，各种地方菜馆林立，有京、广、苏、扬、锡、甬、杭、闽、川、徽、潮、湘，以及上海本地菜等16个帮别，同时还有素菜、清真菜，各式西菜、西点。这些菜在上海各显神通，激烈竞争，又相互取长补短，融会贯通，这为博采众长，发展有独特风味的上海菜创造了有利条件。

上海菜原以红烧、生煸见长。后来，吸取了无锡、苏州、宁波等地方菜的特点，参照16个帮别的烹调技术，兼及西菜、西点之法，使花色品种有了很大的发展。菜肴风味的基本特点是汤卤醇厚，浓油赤酱，糖重色艳，咸淡适口。选料注重活、生、寸、鲜，调味擅长咸、甜、糟、酸。名菜如“红烧鮰鱼”，巧用火候，突出原味，色泽红亮，卤汁浓厚，肉质肥嫩，负有盛誉。“糟钵头”则是上海本地菜善于在烹调中加“糟”的代表，把陈年香糟加工复制成糟卤，在烧制中加入，使菜肴糟香扑鼻，鲜味浓郁。“生煸草头”，择梗留叶，重油烹酒，柔软鲜嫩，蔚成一格。而各地方风味的菜肴也逐步适应上海的特点，发生了不同的变革，如川菜从重辣转向轻辣，无锡菜从重甜改为轻甜，还有不少菜馆吸取外地菜之长。经过长期的实践，在取长补短的基础上，形成了上海菜的独特风味。

如今的上海菜，在不断兼收并蓄、博采众长的基础上，形成了选料新鲜、讲究品质、刀工精细、制作考究、火候恰当、清淡素雅、咸鲜适中、口味多样等优点。其代表性名菜有青鱼下巴甩水、青鱼秃肺、腌川红烧圈子、生煸草头、白斩鸡、鸡骨酱、糟钵头、虾子大乌参、松江鲈鱼、枫泾丁蹄等。

三、珠江流域风味流派

我国的珠江文化流域是南国饮食风味的发源地，在中国饮食文化宝库中具有极其重要的地位。尤其是改革开放以来，随着经济的率先发展，以粤菜为代表的饮食风味引领了中国近几十年来餐饮市场的繁荣发展。该区域内包括广东、福建、香港、台湾等省区，其饮食风味就是著名的粤菜、闽菜和港台风味饮食。

1．粤菜

粤菜是广东菜系的简称，也是我国岭南饮食文化的代表，是著名的四大菜系之一。

粤菜的形成有着悠久的历史，自秦始皇南定百越，建立“驰道”与中原的联系加强，文化教育经济便有了广泛的交流。汉代南越王赵佗，五代时南汉主刘龚归汉后，北方各地的饮食文化与其交流频繁，官厨高手，也把烹调技艺传与当地同行，促进了岭南饮食烹饪的改进和发展。汉魏以来，广州成为我国南方大门和与海外各国通商的重要口岸，唐朝异域商贾大批进入广州，刺激了广州饮食文化的发展。至南宋，京都南迁，大批中原士族南下，中原饮食文化融入了南方的烹饪技术。明清之际，粤菜广采“京都风味”“姑苏风味”以及扬州炒卖和西餐之长，使粤菜在各大菜系中脱颖而出，名扬四海。除历史因素外，粤菜的生成环境也是一个不可忽视的重要因素。广东地处我国东南沿海，山地丘陵，岗峦错落，河网密集海岸群岛众多，海鲜品种多而奇。因此原料不仅丰富，而且很有特色。

粤菜包括广州风味、东江风味和潮汕风味。广州菜包括珠江三角洲和肇庆、韶关、湛江等地的名食在内。地域最广，用料庞杂，选料精细，技艺精良，善于变化，风味讲究，清而不淡，鲜而不俗，嫩而不生，油而不腻。夏秋力求清淡，冬春偏重浓郁，擅长小炒，要求掌握火候和油温恰到好处。广州菜取料广泛，品种花样繁多，令人眼花缭乱。广东菜的另一突出特点是，用料精而细，配料多而巧，装饰美而艳，而且善于在模仿中创新，品种繁多。广州菜的第三个特点是口味比较清淡，力求清中求鲜、淡中求美。而且随季节时令的变化而变化，夏秋偏重清淡，冬春偏重浓郁。食味讲究清、鲜、嫩、爽、滑、香，调味遍及酸、甜、苦、辣、咸，此即所谓五滋六味。代表菜肴有龙虎斗、白灼虾、烤乳猪、香芋扣肉、黄埔炒蛋、脆皮乳鸽、炸鲜奶等。东江风味又称客家菜。客家人原是中原人，在汉末和北宋后期因避战乱南迁，聚居在广东东江一带。其语言、风俗尚保留中原固有的风貌，菜品多用肉类，极少水产，主料突出，讲究香浓，下油重，味偏咸，以砂锅菜见长，有独特的乡土风味。东江菜以惠州菜为代表，下油重，口味偏咸，酱料简单，但主料突出。喜用家禽、畜肉，很少配用菜蔬，河鲜海产也不多。代表品种有东江盐焗鸡、东江酿豆腐、爽口牛丸等，表现出浓厚的古代中州之食风。潮汕风味，指潮州、汕头一带的地方饮食，该地区在我国古代隶属闽地，其语言和习俗与闽南相近。划归广东之后，又受珠江三角洲的影响。故潮州菜接近闽、粤，汇两家之长，自成一派。潮汕菜以烹调海鲜见长，刀工技术讲究，口味偏重香、浓、鲜、甜。喜用鱼露、沙茶酱、梅膏酱、姜酒等调味品，甜菜较多，款式百种以上，都是粗料细作，香甜可口。代表品种有烧雁鹅、豆酱鸡、护国菜、什锦乌石参、葱姜炒蟹、干炸虾枣等。除此之外，粤菜还有近代发展起来的海南风味菜，虽然菜肴的品种较少，但颇具南国热带地域食物特有的风味，而且越来越受到广大食客的喜欢。

整体来看，粤菜具有生猛、鲜淡、清美的特色。用料奇特而又广博，技法广集中西之长，趋时而变，勇于创新。点心精巧，大菜华贵，富于商品经济色彩和热带风情。代表性名菜有金龙脆皮乳猪、盐焗鸡、鼎湖上素、蚝油网鲍片、大良炒牛奶、白云猪手、烧鹅、咕噜肉、南海大龙虾等。

2．闽菜

闽菜，也就是福建菜，是中国八大菜系之一，经历了中原汉族文化和当地古越族文化的混合、交流而逐渐形成。根据闽侯县甘蔗镇恒心村的昙石山新石器时代遗址中，保存的新石器时期福建先民使用过的炊具陶鼎和连通灶，证明福州地区在5000年之前就已从烤食进入煮食时代了。早在两晋、南北朝时期的“永嘉之乱”以后，大批中原衣冠士族入闽，带来了中原先进的科技文化，与闽地古越文化的混合和交流，促进了当地的发展。晚唐五代，河南光州固始的王审知兄弟带兵入闽建立“闽国”，对福建饮食文化的进一步开发、繁荣，产生了积极的促进作用。唐朝徐坚的《初学记》云：“瓜州红曲，参糅相半，软滑膏润，入口流散。”这种红曲由中原移民带入福建后，由于大量使用红曲，竟逐渐成为闽菜的烹饪特色，有特殊香味的红色酒糟也成了烹饪时常用的作料。红糟鱼、红糟鸡、红糟肉等都是闽菜中红糟菜肴体系的代表。

福建是我国著名的侨乡，旅外华侨从海外引进的新品种食品和一些新奇的调味品，对丰富福建饮食文化，充实闽菜体系的内容，也曾发生过不容忽略的影响。福建人民经过与海外、特别是南洋群岛人民的长期交往，海外的饮食习俗也逐渐渗透到闽人的饮食生活之中，从而使闽菜成为带有开放特色的一种独特的菜系。清末民初，福建先后涌现出一批富有地方特色的名店和真才实艺的名厨。当时福建是对外贸易的一个重要区域，福州和厦门一度出现了特殊的市场繁荣景象。为了满足官僚士绅、买办阶层等上流社会应酬的需要，福州出现了“聚春园”“惠如鲈”“广裕楼”“嘉宾”“另有天”，厦门出现了“南轩”“乐琼林”“全福楼”“双全”等多家名菜馆。这些菜馆或以满汉大席著称，或以官场菜见长，或以地方风味享有盛誉，各有擅长，促进了地方风味的形成和不断完善。

闽菜由福州、闽南和闽西三种不同风味的地方菜组合而成。福州菜是闽菜的主流，除盛行于福州外，也在闽东、闽中、闽北一带广泛流传。其菜肴特点是清爽、鲜嫩、淡雅、偏于酸甜，汤菜居多。福州菜善于用红糟为作料，尤其讲究调汤，予人“百汤百味”和糟香袭鼻之感，如肉米鱼唇、鸡丝燕窝、鸡汤汆海蚌、煎糟鳗鱼、淡糟鲜竹蛏等。闽南菜，盛于厦门和晋江、尤溪地区。其菜肴特点是鲜醇、香嫩、清淡，并且以讲究作料、善用香辣而著称，在使用沙茶、芥末、橘汁以及药物、佳果等方面均有独到之处，如东譬龙珠、炒沙茶牛肉、葱烧蹄筋、当归牛腩、嘉禾脆皮鸡等。闽西菜，盛行于“客家话”地区，其菜肴特点是鲜润、浓香、醇厚，以烹制山珍野味见长，略偏咸、油，善用生姜，在使用香辣佐料方面更为突出。如烧鱼白、油焖石鳞、炒鲜花菇、蜂窝莲子、金丝豆腐干、涮九品等。

闽菜的烹饪技艺，既继承了我国烹饪技艺的优良传统，又具有浓厚的南国地方特色。其风味特色是：清鲜、醇和、荤香、不腻，重淡爽、尚甜酸，善于调制珍馐，汤路宽广，作料奇异，有“一汤十变”之誉。代表性名菜有佛跳墙、龙身凤尾虾、淡糟香螺片、鸡汤汆海蚌、太极芋泥、芙蓉鲟、七星丸、桔烧巴、玉兔睡芭蕉、扒通心河鳗、梅开二度、四大金刚等。

3．港台风味

所谓港台风味菜肴是指长期以来流行在香港、台湾两地民众生活中，并对当地民众饮食口味有一定影响的菜肴风味体系，包括流行菜肴和点心小吃等。

香港风味大部分属于粤菜，但香港近年随着国际化的进程与交流，已经不算是正宗的粤菜了，许多大酒楼现在大多经营新派菜色，跟以前的传统菜肴不大相同。香港是美食天堂，世界各地的美味佳肴在此汇集。西餐、中餐及其他各国风味菜在当地都能品尝得到，但伊斯兰风味菜较为少见。中餐以粤菜为主，兼收国内各大菜系的代表作。海鲜非常流行，连皮蛋瘦肉粥都加鲍鱼点缀。香港是广东“汤文化”的发扬光大者，也是“茶文化”的开拓创新者。香港的用餐环境、人文气氛、服务态度都会让人大开眼界，心满意足。入夜后，庙街有一些特色小菜，是典型的大众小吃。著名的港式小吃有云吞面、鱼蛋、牛丸、清汤腩、牛杂等。香港还有一些很具特色的熟食档，又名“大排档”，可以在那儿品尝一些当地极具特色的咕噜肉、椒盐濑尿虾等。

台湾风味菜因其特殊的历史背景更是呈现出多元化的特点。台湾岛内气候炎热，倾向自然原味，调味不求繁复，清淡鲜醇便成了台湾菜烹调的重点。不论炖、炒、蒸或水煮，都趋于清淡，在大多以色重味浓取胜的其他地方菜中，台湾菜的清鲜美味反而独树一帜。台湾四面环海，海产资源丰富，滋味本就鲜美的海中鲜，不需太多繁复的佐料及烹调法，就已是美味无比。所以台湾菜一向以烹煮海鲜闻名，再加上受到日本料理的影响，台湾菜更发展出了海味之冷食或生吃，且颇为人们所喜爱。于是虾、蟹、鱼几乎攻占了台湾烹饪的所有席面，而成为台湾菜异于其他菜系之特色。台湾菜中，亦汤亦菜的汤羹菜是一大特色，如西卤白菜、生炒花枝等。汤羹菜发展于清朝时，当时初到台湾的，只限男性，对于忙于开垦又不善家务的他们来说，煮一锅汤汤水水是最方便的，而后农耕生活辛劳，物质又不像现在这么丰沛，只要一锅可为汤又可为菜的汤羹菜，既可全家饱食三餐，又营养俱全，更为方便。台式羹汤逐渐深入民间，发展成更鲜美细致的美味。台湾菜中另一特色，便是善用腌酱菜烹出美味菜肴来。腌菜、酱菜之所以入得菜肴，也与天气炎热有关，再加上昔时劳动量大，汗水流得多，而喜食咸味，再加上为能长时间保存食物，便制作了各种腌制菜，如咸菜、黄豆酱等，尤其是台湾的客家人所制作的腌酱菜更是无出其右者。将这些腌制过的或酱制过的食物佐以其他食材，其风味之特殊，至今依然广受欢迎。以中药材熬炖各种食材的药膳食补，是台湾饮食风味的又一显著特色，虽然各地方菜系中也可见中药入菜，还是不如台湾菜对药膳食补之热爱。台湾菜，口味清淡，菜品精致，主料以海鲜为主，融会了闽菜、粤菜及客家菜的烹调手法，先后经过荷兰、日本的文化影响，再结合台湾的物产及当地食俗发展起来的菜肴。

台湾人生活中最具代表性的饮食文化是琳琅满目、丰富多彩的台湾小吃，如蚵仔煎、虱目鱼肚粥、炒米粉、大饼包小饼、万峦猪脚、大肠蚵仔面线、甜不辣、台南担仔面、润饼、烧仙草、筒仔米糕、花枝羹、鱼酥羹、肉羹、猪血糕、东山鸭头、肉圆、卤肉饭、布丁豆花等，通过这些地方小吃，可以让我们看到一个丰富而多元的台湾饮食文化现象。

四、其他风味流派

1．清真菜

中国清真菜，起源于唐代，发展于宋元，定型于明清，近代已形成完整的体系。广义上的清真菜，是指信仰伊斯兰教的中国少数民族的饮食菜肴。这些民族包括回族、维吾尔族、哈萨克族、塔吉克族、塔塔尔族、柯尔克孜族、撒拉族、东乡族、保安族等民族。他们有着共同的饮食习俗和饮食禁忌，但在饮食风味上则存在着一定的差别，因而人们在习惯上又常常把主要居住在新疆的几个少数民族的风味菜肴划出来，称为新疆菜，而特指回族菜肴为清真菜。这样从清真菜的历史变革、辐射范围、风味特色等方面与四大菜系比较，都毫不逊色。所以，有人认为清真菜足可以与四大菜系比肩，是中国的第五大菜系。

中国清真菜最突出的特点在于饮食禁忌比较严格，其饮食习俗来源于伊斯兰教教规。清真菜选料主要取材于牛、羊两大类，特别是烹制羊肉菜肴极为擅长。在清代乾隆年间就已经有以羊肉、羊头、羊尾、羊蹄、羊舌、羊脑、羊眼、羊耳、羊脊髓和羊内脏为原料的清真全羊席。可以做出品味各异的菜肴120余种，体现了厨师高超的烹饪技艺。全羊席在清代同治、光绪年间极为盛行。以后，因烹制全羊席过于靡费，遂逐渐演化为全羊大菜。

中国清真菜的口味偏重咸鲜，汁浓味厚，肥而不腻，嫩而不膻。但不同地区的清真菜又有西北地区、华北地区、西南地区等不同的流派。中国清真菜点品种繁多，做工精细，经济实惠，雅俗共赏。清真菜点的制作方法很多。菜肴烹调，擅长于扒、烧、爆、炒、炸、烤、涮、炖、煨、焖、烩、熘、蒸、烹、汆等。面点的制作，主要有蒸、煮、烤、烙、炸。如“全羊席”，根据羊的不同部位，采用不同的制作手法，分别制成大件菜、熘炒菜、炸菜、凉菜、甜菜、汤菜等种类菜肴，丰富多彩。

中国穆斯林遍布全国各地，各地清真菜点都有自己风格独具的地方性。如新疆有羊肉抓饭、烤羊肉串、肉馕、新疆包子、烤包子、揪面片及烤全羊、手抓羊肉、博士汤等。北京有驰名中外的东来顺涮羊肉，月盛斋烧羊肉和五香酱牛羊肉，鸿宾楼的全羊大菜，烤肉宛和烤肉季的烤肉，通县小楼的烧鲇鱼；也有风味别致的爆糊、爆肚、炸卷果、它似蜜、炸回头、馓子麻花、门钉肉饼、蜜三刀、艾窝窝、荷叶饼、炖饽饽、糖火烧、开花馒首、碗蜂糕、螺丝转、豆腐脑等。

就整体而言，中国清真菜的风味特色是：选料严守伊斯兰教规。南方选料习惯用鸡鸭蔬果，北方与西北地区选料习惯使用牛羊粮豆。烹调方法擅长煎、炸、爆、熘、煨、煮、烤、炙等。本味为主，清鲜脆嫩与肥浓香醇并重，讲究菜型和配色，餐具多为淡绿彩瓷。生熟严格分开，甜咸互不干扰，注重饮食卫生，忌讳左手接触食物。代表菜主要有葱爆羊肉、清水爆肚、焦熘肉片、黄焖牛肉、扒羊肉条、麻辣羊羔肉、烤全羊、烤羊肉串等。

2．素菜

中国素菜，是中国饮食文化重要的组成部分，也是菜肴流派之一。素菜通常指用植物油、蔬菜、豆制品、面筋、竹笋、菌类、藻类和干鲜果品等植物性原料烹制的菜肴。

中国素菜起源于我国先秦时期以粮豆瓜果为主体的膳食系统。西汉初期，淮南王刘安发明了豆腐，把素菜的发展推向了一个新阶段，形成了“民间素菜”。汉魏以后，这一膳食传统逐步与佛教、道教的教义教规结合，特别是南朝梁武帝时，寺院菜由寺观向民间发展，才形成一大风味流派。隋唐时期，素菜得到了很大发展。到唐代就有了花样素食，形成供帝王享用的“宫廷素菜”。北宋都市出现了市肆素食，有专营食素菜的店铺，仅《梦粱录》中记述的汴京素食即有上百种。明清两代是素食素菜的发展时期，尤其到清代时，我国素菜已形成寺院素菜、宫廷素菜与民间素菜三个流派。

寺院素菜，讲究“全素”，禁用“五荤”调味，且大多禁用蛋类，为我国大乘佛教所独有的食风。佛门弟子吃素茹蔬的目的，自然在于戒杀护生，养成大慈悲的佛性。宫廷素菜是素菜中的精品。在宫廷中，御膳房内专设“素局”，负责皇帝“斋戒”素食，能调制出好几百种素馔。皇帝在祭祀先人或遇重大事件时，事先要有数日沐浴，更衣独居，戒酒、食素，使心地纯一诚敬。南朝武帝萧衍，当了48年皇帝，此人长于文学、乐律、书法，笃信佛教，素食终身，为天下倡，曾四次舍身入同泰寺，皆由国家出钱赎回。民间素菜起源于民间吃素风气，大多是以慈善心怀和道德情操的所为，认为吃素是仁者的美德。民间吃素，并不是不吃肉荤，只是强调多吃菜蔬，崇尚朴素清淡的生活。素菜营养丰富、别具风味，吃起来入口生津，有利于人体健康。素菜主要以绿叶菜、果品、菇类、菌类、植物油为原料，味道鲜美，富有营养，容易消化。从营养学角度看，蔬菜和豆制品、菌类等素食含有丰富的维生素、蛋白质、水，以及少量的脂肪和糖类，这种清淡而富于营养的素食，对于中老年人来说更为适宜。特别是素食中蔬菜往往含有大量的膳食纤维，还可及时清除肠中的垢腻，保持身体健康。

中国素菜发展到现在，品种已达8000多种。按其制作方法，大体可分为三类。一是卷货类：用油皮包馅卷紧，淀粉勾芡，烧制，如素鸡、素酱肉、素肘子、素火腿等；二是卤货类：以面筋、香菇为主，烧制而成，如素什锦、香菇面筋、酸辣片等；三是炸货类：是过油煎炸而成，如素虾、香椿鱼、小松肉、炸盒子等。素菜具有时鲜为主，清爽素净，花色繁多，制作考究，富含营养，健身疗疾的特征。代表菜主要有罗汉斋、鼎湖上素、雪积银钟、混元大菜、三姑守节、魔芋豆腐等。

第三节　民族饮食风味与面点、小吃风味

一、中华民族饮食风味流派简介

在我国众多饮食风味流派中，影响最大的当属于地方风味菜系和民族风味流派。地方风味菜系有专节介绍，下面对我国较有影响的民族风味进行简要介绍。

1．朝鲜族风味

流传于东北和天津，与朝鲜和韩国食馔同出一源。选料多为牛肉、瘦猪肉、海鲜和蔬菜，擅长生拌、生渍和生烤，习以大酱、清酱、辣椒、胡椒、芝麻油、香醋、盐、葱、姜、蒜调味，菜品风味鲜香脆嫩，辛辣爽口。餐具多系铜制，喜好生冷。名菜有生渍黄瓜、辣酱南沙参、苹果梨咸菜、头蹄冻、烧地羊、生烤鱼片、冷面等。

2．满族风味

流传于东北、京津和华北，有400余年的历史，在清代颇有名气。用料多为家畜、家禽。主要烹调方法有白煮和生烤，口味偏重鲜咸香，口感重嫩滑。菜品多为整只或大块，届时用手撕解或刀割食。名菜主要有白肉血肠、阿玛尊肉、烤鹿腿、手扒肉、酸菜等。

3．蒙古族风味

流传于内蒙古、东北和西北地区，有800多年的历史，元代是其鼎盛时期。蒙古族菜与蒙古菜近似，统称“乌兰伊德”，意为“红食”，而以奶、面、点心则称为“白食”。蒙古族菜肴取料多系牛羊。一般不剔骨，斩大块，或煮或烤。仅用盐或香料调制，重酥烂，喜咸鲜，油多色深量足，表现塞北草原粗犷饮食文化的独特风采。名菜主要有手把羊肉、烤羊尾、炖羊肉、羊肉火锅、太极鳝鱼等。

4．彝族风味

流传于川、云、贵、桂等地，有800多年的历史。宋辽金元时的南诏国菜品即以其为主体。取料多用“两只脚”的鸡鸭和“四只脚”的猪牛羊，也用其他野味。多为大块烹煮，添加盐和辣椒佐味。名菜有坨坨肉、皮干生、麂子干巴、羊皮煮肉、肝胆参、油炸蚂蚱、生炸土海参、巍山焦肝等。

5．藏族风味

流传于西藏、云南和青海，有1400多年的历史，隋唐至今，其高原雪山的独特风味一脉相承。菜料多为牛羊、野禽、昆虫、菌菇等；重视酥油入馔，习惯于生制、风干、腌食、火烤、油炸和略煮；调味重盐，也加些野生香料；口感鲜嫩，份足量大。名菜有手抓羊肉、生牛肉、火上烤肝、油炸虫草、油松茸、煎奶渣、“藏北三珍”（夏草黄芪炖雪鸡、赛夏蘑菇炖羊肉、人参果拌酥油大米饭）、竹叶火锅等。

6．苗族风味

流传于贵州、云南、四川、湖南等地，有1000多年的历史，红苗、黑苗、白苗、青苗、花苗的饮食风味大同小异。食料广泛，嗜好麻酸糯，口味厚重，制菜常用甑蒸、锅焖、罐炖、腌渍诸法，洋洋洒洒的酸菜宴独具特色。名菜有薏仁米焖猪脚、血肠粑、辣骨汤、鱼酸、牛肉酸、蚯蚓酸、芋头酸、蕨菜酸、豆酸、蒜苗酸、萝卜酸等。

7．侗族风味

流传在黔、桂、鄂交界的山区，有近千年历史。侗族菜现仍秉承古代百越人的山林食风，最大的特点是无料不腌，无菜不酸，腌制方法巧妙独特，酸辣香鲜，甘口怡神，名菜有五味姜、龙肉、醅鱼、牛别、酸笋、酸鹅、腌龙虱、腌蜻蜓、腌葱头、腌芋头、腌蚌等。

8．傣族风味

流传在云南西双版纳、德宏一带，有800余年历史，带有小乘佛教的浓郁情调。用料广博，制菜精细，煎、炒、炮、熘无所不通。口味偏好酸香清淡，昆虫食品在国外与墨西哥虫馔齐名。肴馔奇异自成系统，有热带风情和民族特色。名菜有苦汁牛肉、烤煎青苔、菠萝爆肉片、炒牛皮、鱼虾酱、香茅草烧鸡、牛撒撇拼盘、炸什锦、蚂蚁酱、蜂房子、生吃竹虫、清炸蜂蛹、烧烤花蜘蛛、凉拌白蚁蛋、油煎干蝉等。

9．土家族风味

流传在湘、鄂、川三省边界，有近2000年历史。由于受到湘、鄂、川菜系的影响，饮食文化较为发达。食材包括禽畜鱼鲜和粮豆蔬果，还有山珍及野味，烹调技法全面，嗜好酸辣，有“辣椒当盐”之说。肴馔珍异而丰满，带有浓郁的南国原始山林情韵。名食有小米年肉、白猕子汤等。

10．壮族风味

流传在桂、粤、滇、湘等地，有3000年以上的历史，是现今岭南食味的本源。它以虫为珍味，也吃禽畜与果蔬，擅长烤、炸、炖、煮、卤、腌等，口味趋向麻辣酸香、酥脆爽口。美食众多，调理精细，宴席设计朴素，食礼隆重，在桂菜中占有重要的地位。名菜有辣白旺、火把肉、盐风肝、脆熘蜂儿、油炸沙蛆、洋瓜根夹腊肉、彗星肉、烤辣子水鸡、酿炸麻仁蜂、龙卧金山、白炒三七鸡、酸水煮鲫鱼、马肉米粉等。

二、中国面点风味简介

中国面点是中国饮食文化不可缺少的组成部分。中国面点不仅制作精美，品种繁多，而且风格各异，五彩缤纷，但按照传统餐饮业的认知，习惯上分为京式、苏式和广式三大流派。

1．京式面点

以北京为中心，涉及黄河中下游的鲁、津、豫等广大地区。是以面粉为主料，擅长调制面团，有抻面、削面、小刀面、拨鱼面四大名面等，工艺独具。风味上具有质感爽滑，柔韧筋道，浓香鲜美，软嫩松泡的特点。代表品种有：北京的龙须面、艾窝窝、小窝头、肉末烧饼、豌豆黄、炒疙瘩等；天津的狗不理包子、蜜三刀、十八街麻花、耳朵眼炸糕等；山东的蓬莱小面、高汤水饺、盘丝饼等；山西的刀削面、拨鱼儿、莜面栲栳栳等；河南的沈丘贡馍、勺子馍、武陟油茶、博望锅盔等。

2．苏式面点

以江苏为主体，活跃于长江下游地区的沪、浙、皖等地。米面与杂粮兼作，精于制作糕团，造型纤巧，由宁波、金陵、苏锡、淮扬、越绍、皖南等分支构成。其总体风味特色是重调理，口味厚，色深略甜，馅心讲究掺冻。代表品种主要有：江苏淮安文楼汤包、扬州富春包和翡翠烧麦、南京的薄皮包饺和花色酥点、苏州糕团、黄桥烧饼、东台鱼汤面；上海的南翔馒头、小绍兴鸡粥、开洋葱油面、排骨年糕；浙江的虾爆鳝面、宁波汤圆、五芳斋粽子、西湖藕粉；安徽的乌饭团、笼糊等。

3．广式面点

以广东为典型代表，包括珠江流域的桂、琼以及闽、台等地。善用薯类和鱼虾作坯料，大胆借鉴西点工艺，富有南国情调，茶点、席点久享盛名。风味特色是讲究形态、花式与色泽，用料偏重于油、糖、蛋，馅心晶莹，造型小巧，清淡鲜滑。代表品种主要有：广东的叉烧包、虾饺、炒河粉、艇仔粥、娥姐粉果和莲茸甘露酥；广西的马肉米粉、蛤蚧粥、太牢烧梅、靖西大年粽和月牙楼尼姑面；海南的竹筒饭、芋角、云吞、海南粉；福建的米酒糊牛肉、蚝仔煎、土笋冻、鼎边糊；台湾的椰子糯米团、蛤子煲饭和虱目鱼粥等。

三、中国小吃风味简介

中国丰富多彩的小吃，是中国菜肴制作水平的发达与面点制作技术的高超融合而成的食品体系，大多是源于民间的传统饮食生活并广泛流行。在我国民间，能够体现饮食文化发达的不仅由精美的菜肴和各色面点的制作技术，而且还有各具地域文化特色的小吃。这些小吃丰富多彩、品类众多、风格各异，最富有地方饮食风味和民俗文化特征。一般来说，中国具有典型意义的小吃流派主要有如下几种。

1．北京小吃

萌发于元，当时已有正饼、仓馒头和炒黄面等，至清代，吸收满点，花色品种日趋多样。有荤素、甜咸、干稀、凉热之分。集中于隆福寺、西四、大栅栏、天桥一带。其风味特色是：应时当令，适应民俗。用料广博，品种丰富，做工精细，技法多样。汉民族小吃多以猪内脏为主料，风味突出，代表品种主要有三鲜烧卖、天仙居炒肝、合义斋灌肠、景泉居苏造肉等。回民小吃讲究品种配套，如老豆腐配火烧、豆腐脑配芝麻烧饼、馅饼配小米粥、焦圈配吊炉烧饼，另外还有奶酪、奶卷、奶饽饽等。宫廷小吃重视配方和造型，以精取胜，有小窝头、芸豆卷、栗子糕、驴打滚等。

2．天津小吃

始于明代，成熟于清代，民国初年达到繁荣景象，品种繁多。其风味特色是原料充裕，广集南北技艺之精华，季节性鲜明，强调时令性和民俗性，技法精妙，做工精细，经营方式灵活，网点成片。其代表品种主要有：狗不理包子、桂发祥麻花、耳朵眼炸糕、虾子豆腐脑、嘎巴菜、肉火烧、白记水饺、五香驴肉等。

3．上海小吃

上海小吃有150多年的历史，包括城隍庙小吃、高桥糕饼和葛派点心三类，品种繁多，做工精美，四季分明，名品主要有城隍庙的南翔馒头、小绍兴鸡粥和排骨年糕；高桥的粽子、松饼、一捏酥和鲜肉月饼；全国点心状元葛贤萼制作的花篮粉果、虾蓉馄饨、鸽蛋圆子和八宝酥盒等。

4．江苏小吃

历史悠久，格调高雅，支系繁多，如扬州富春茶点、金陵秦淮小吃、苏州观前街小吃、无锡太湖船点、苏州糕团、南通小吃等，品种千计，宛如工艺品。扬州富春茶点以富春茶社为代表，波及扬州、镇江、淮安一线，精品有三丁包、水晶肴肉、文楼汤包、淮安茶馓、淮饺、蛋炒饭、五丁包、煮干丝等。金陵秦淮小吃以永和园茶社为轴心，有50多家饮食店和200多种小吃上市，特色是老、精、新、奇。精品有油炸干、豆腐脑、五香回卤干、五香茶叶蛋、蛤蟆酥、小元宵、小刀面、素菜包、鸭油酥烧饼、蒸儿糕等，还有著名的秦淮八绝。苏州观前街小吃形成于清末，富有姑苏风情，精品有梨膏糖、酒酿圆子、油氽排骨、什锦莲子、藕粉圆子、千张包子、白汤大面、鸡酥豆糖粥、海棠糕、酱螺蛳、盐金花菜、喜蛋等。其他如无锡太湖船点以娇小可爱著称，苏州糕团则是南方米制品中的佼佼者，南通小吃以自然原料、工艺新颖见长。

5．山东小吃

始于两汉，当时已有烧饼问世。北魏《齐民要术》所载品种较多，至唐宋后，技艺进一步发展，明清时期形成体系。面制食品特色鲜明，有民间小吃、市肆小吃、筵席小吃三大类别，风味特点是：大多源于民间，与当地的习俗、物产紧密相关，技法多样，品类齐全，物美价廉，城乡随处可见。代表品种主要有：福山拉面、蓬莱小面、蛋酥炒面、周村烧饼、潍县杠子头火烧、潍坊朝天锅、单县羊肉汤、临沂糁、状元饺等。

6．四川小吃

历史悠久，包括成都、重庆、自贡、乐山、江津、绵阳诸支系，以品种齐全、风味独具、经济实惠而驰誉西南，天府小吃脍炙人口。其风味特色是清鲜醇浓并重，善用麻辣。讲究制汤，用汤佐味。重视质量和信誉，保持传统风味。价格适中，贫富皆宜。代表品种主要有夫妻肺片、赖汤圆、龙抄手、钟水饺、马红苕、韩包子、担担面、鲜花饼、蛋烘糕、缠丝酥、鸡汁锅贴、珍珠圆子、川北凉粉、鸳鸯叶儿粑、小笼蒸牛肉、五香牛肉干、苕蓉香麻枣、炒米糖开水等。

7．山西小吃

起于汉唐，兴于宋元，至明清时发展更是迅速，山西有“面食之乡”的美誉。山西小吃又被称作山西面食，包括晋式面点、面类小吃和山西面饭三类，面食品种之多，花样之繁，为全国之冠。晋式面点，注重色味质感，讲究好看好吃，做工精细。传统品种主要有：金丝一窝酥、麻仁太师饼、火腿萝卜饼、天花鸡丝饼、三丝春卷等。面类小吃的品种也很丰富，地方性强，代表品种主要有：荞麦灌肠、太谷饼、葱花油脂烧饼、莜面搓鱼、硬面盖帽、大头麻叶等。至于山西面饭，乃是山西小吃之精华，集中国面条之大成。其特点是：米麦豆薯皆可制面，面团多达20多种，花色繁多，有拉面、削面、拨面、搓鱼、流尖、蘸尖、握溜溜、擦圪蚪、栲栳栳等百余种之多，吃法各不相同，煮、炒、炸、焖、蒸、煎、烩、煨，随人所愿。浇头有七大类，百余种，讲究面码和小料，因面而变，代表品种主要有太谷流尖菜饭、雁北莜面饺子、昔阳扁食头脑、长治蒜辣揪片、汾阳酸汤削面等。

8．广东小吃

起于宋元，盛在明清，20世纪初蔚为大观。仅用于点心制作的面皮就有4大类23种，馅有3大类47种，可调制品种2000余种。常在茶楼、酒家、大排档供应，是“食在广州”的一大特色。其风味特色是：糖、油、蛋下料重，酥点居多。微生物发酵与化学剂催发并用，质地异常松软。馅料重用虾、鸡、鸭和花卉果珍，味鲜且香。依据节令上市，四季分明。款式新颖，形制纤巧，名贵高档。命名典雅，多为5字，富于画意诗情。代表性的品种：蚝油叉烧包、薄皮鲜虾饺、百花雀窠蛋、生磨马蹄糕、蟹黄灌汤饺、腊肠糯米鸡、枣蓉草叶角、凤肝擘酥盒、绿茵白兔饺、彩蝶弄娇花、煎堆、马蹄糕、伦教糕、皮蛋酥、煎酿鸭掌、肠粉、炒河粉等。

思考与练习

1. 中国饮食风味流派形成的主要因素有哪些?
2. 阐述中国饮食风味流派的概况。
3. 用思维导图的形式来呈现中国主要的饮食风味流派。
4. 简要介绍鲁菜的风味特点。
5. 简要介绍川菜的风味特点。
6. 简要介绍苏菜的风味特点。
7. 简要介绍湘菜的风味特点。
8. 简要介绍粤菜的风味特点。
9. 阐述中华民族饮食风味流派的特点。
10. 描述中国面点风味的特点。
11. 阐述中国小吃风味的特点。

第六章

中国烹饪艺术

烹饪艺术是以烹饪技术加工成的饮食品为审美对象，满足人们饮食实用与审美双重需要的艺术，主要包括肴馔具有的味觉艺术、味外之外和筵席艺术等。中国烹饪艺术有着十分丰富的内容和独到特色，在全世界享有盛誉。其中，肴馔之美就是中国烹饪艺术的重要内容。它常通过美食与美名、美器、美境的配合，使美食具有极高的艺术性和丰富多彩的艺术风格，人们在品尝美食时能够获得色、香、味、形、质、器、养、名、趣、境十个方面的美感享受。

第一节　中国菜肴的美化艺术

一、菜肴造型艺术

在中国烹饪菜肴的装配中，为了审美需要，往往把菜肴加工、拼摆、整理、修饰成为各种各样的艺术形态，以增加菜肴的艺术感染力。常见的菜肴造型有如下几种形式。

1．动物艺术造型

艺术菜肴中的动物造型，既供欣赏助兴，又是美味佳肴。在冷拼艺术菜肴的设计中，厨师可用蛋卷、红肠、辣黄瓜、大虾、松花蛋、肉松、酱肚、烤鸭、五香牛肉、熏鱼等原料，经刀工处理后，拼摆出龙凤、天鹅、松鹤、喜鹊、彩蝶、金鱼、飞燕等形象。在热食艺术菜肴的设计中，厨师可用动植物性原料，制出金鱼、彩蝶、熊猫、松鼠、鸳鸯等造型，经加热处理，使其成为悦目而美味的艺术菜肴。

2．花卉器物造型

在菜肴的艺术造型设计中，除动物造型外，采用最多的是花卉造型。花是美的象征，它给人以美好、轻松和愉快的感觉。在仿花卉型艺术菜肴的设计中，常见的有牡丹、月季、玉兰、睡莲等瓣大而便于塑造的品种，一般采用简化、夸张、变形等手法，使其适合烹调和口味的需要。有的花卉造型可与动物造型结合出现。

器物造型是艺术菜肴所采用的又一种设计形式，如“琵琶”“扇面”“金杯”“花盅”等。这类菜肴都是选用精美的动、植物原料，模拟人们喜爱的器物形状，烹制或拼摆而成。像“扇面豆腐”“立体花篮”“琵琶虾仁”“古瓶月季”等，都是从食用角度塑造出的具有较高水平的器物形象艺术菜肴。

3．优美风景造型

风光造型菜肴设计是选取自然和人文风景中的美好画面，经加工提炼后，形象地搬到菜肴中，使人们在食用菜肴的同时，又得到艺术美的享受。青岛的“栈桥海滨”和“湛山风光”两款菜肴，具有独特的地域文化特色，在宴会上具有非常好的艺术效果。

4．一般图案造型

除上述动物、花卉、器具、风光等艺术造型设计外，有些厨师还有做工精细、选料丰富、造型讲究并带象征性图案造型设计的冷热菜肴，属于一般图案造型艺术菜，如山东的“绣球全鱼”、江苏的“松鼠鳜鱼”等菜。

二、菜肴点缀与围边

菜肴的艺术美、形态美，固然取决于菜肴的色彩和造型，但更不可忽视菜肴装盘时的点缀和围边的作用。在一般情况下，厨师是通过这两种装饰方式来体现菜肴的形态美。点缀与围边既可美化菜肴，又省时省料，是比较适用的两种装饰方法。在具体的运用中，要注意如下几点。

1．恰到好处

人们生活中美与丑都是相对而言的，正如老子所说：“天下皆知美之为美，斯恶矣。”用今天的话说，就是天下人都知道什么是美，这就有了丑了。意思是美、丑是通过比较而存在的。那么，烹饪艺术也不例外。

特别是在菜肴的外在形态上，显得更为重要。因为可以通过视觉，直接给人以美与不美的感受。而菜肴的点缀与围边，恰恰又能够弥补这种美中的不足。如我们在菜肴的制作过程中，难免要有一些技术上的误差，像烹制“红烧鱼”，在出勺时，由于不慎将鱼的表皮弄破了，这样上桌当然不美观，有经验的烹饪帅则会用一些香菜叶加以点缀，这种点缀既起到了“遮丑”的效果，同时又有了美化的作用。再如“扒素什锦”“扒全菜”等菜肴，在制作过程中，把各种原料（8种以上）经过初步处理后，在扒盘中心处放一个大香菇，按色彩的不同分别码入扒盘内，下勺烹制，然后大翻勺处理，这样就使得放入盘中心的香菇翻上来，这朵香菇不但起到了美化作用，更关键的则是盖住了菜肴中心原料相交处的杂乱，呈现出菜肴外在形态和谐的美感。作为一名优秀的烹饪师，不但要有调味的绝技，还要掌握这种烹饪之中的辩证法，合理运用菜肴点缀和围边的艺术手法。

2．以动衬静

菜肴的形态，成形于器皿之中，无论是高档菜肴还是普通菜肴，也无论是热菜还是冷菜，处理不当往往存在着一种呆板之感。这种感觉，有时是因原料本身形态所造成的，有时也是由布局不当或其他原因所致。如果厨师能够发挥聪明才智，在呆板的盘中适当进行有动感的点缀，如在一盘“红烧肉”的一侧，放置一点翠绿色的蔬菜或黄白色泽的花瓣等，就能把全盘菜肴带活，使之富有动感，因此也提高了菜肴的艺术性，在给人以美味的同时，又给人以精神和艺术的享受，它不但渲染烘托了宴席的气氛，而且又起到了增进食欲的作用，给人以美的享受。

3．画龙点睛

一盘普通菜肴，如果我们注意适当装饰，同样会使人产生美感。如鲁菜中的“炒虾片”，如果厨师不给它进行任何点缀，它不过是一盘较好的普通菜肴，没有什么艺术性可言。当烹制时，给它配上几片小菜心、盘边点缀几朵鲜花，效果就截然不同了。洁白如雪的虾片，衬着几点碧绿的菜心，在色彩上有了鲜明的对比，盘边所饰的鲜花，真有万绿丛中一点红、白雪之中春意浓的趣味。通过这简单地点缀，既省时省料，又能提高菜肴的观赏价值，我们何乐而不为呢?

上述菜肴实例还有许多，如“扒鱼脯”“油爆鱼芹”等。若点缀上几片小菜心或在盘边处点缀上两片绿色的蔬菜叶或鲜花，都可以改变菜肴整体感官效果。虽然点缀所用之料微小，在菜肴中处于附属地位，但是它确有加深整体菜肴的意境之美和画龙点睛的作用。

4．衬托平衡

菜肴形态，有时会给人一种头重尾轻的不舒适感，这种感觉多出现在鱼类菜肴中。由于鱼本身形状具有其特征，特别是烹制整条鱼时，是无法改变这种状况的。那么，只有通过适当点缀装饰，才能使其趋于平衡，给人以平衡的美感。这种点缀需要正确地选择合理的位置和点缀物的大小。如果由于点缀饰品摆放位置不当，或形体大小不协调，就适得其反。诸如“红烧鱼”，在点缀时，应把点缀的花朵放置在鱼尾的背部，这样就使鱼趋于平衡了。平衡是菜肴形式美中的规则之一。所以，我们在点缀菜肴时，要本着这一规则，让菜肴更加美观悦目。

三、花色艺术菜肴

花色艺术菜肴是指烹饪工作者运用优质的食材，根据其加工特点在盘子中拼摆成各种仿植物、动物及其他形状优美的吉祥图案，以增加菜肴形象的艺术美感，提高菜肴的综合价值。花色艺术菜肴在创造加工的过程，一如其他造型艺术，注重色彩的运用、造型艺术设计等方面。

1．菜肴的色彩艺术

花色菜的设计，只能选用烹饪原料的天然色来进行协调和组合，而不能像艺术家绘画着色那样，任意调配使用，具有一定的局限性。厨师只能遵循色彩对比协调的规律，认真组合色彩，合理而恰当地运用装饰艺术夸张、浓缩、精练、衬托的手法，同样可以收到很好的效果。协调一致多种色彩的形象，在设色上要防止色多而不协调，给人以眼花缭乱之感。比如孔雀开屏，虽然只有使用五颜六色才显得艳丽多彩，但要搭配得当、协调一致才行。而且要由繁变简。由繁变简，不仅仅是指色彩由多变少，而且要在形象上由繁变简，使之成为一个较简单的造型像孔雀，就可只用一个头和一个扇形的尾，组成一幅简单的“孔雀开屏”图案，既形象地再现了孔雀开屏时的美姿，又为色彩的减少创造了条件，带有工艺美术的特色。

色彩对人的心理作用很大，这一点不可忽视。人们常将色彩分为暖色调和冷色调。这是人们在感觉上对色彩的分类，也反映出人们的心理状况。花色艺术菜肴色彩的运用，表现在因季节的变化人们对菜肴色彩的不同心理感受上。顺应消费者这一季节心理变化的要求，十分重要。如夏季，天气炎热，人们普遍喜食清淡爽口、色白汁清的冷色调菜肴。像“熊猫戏竹”，其基本色为白色有黑，盘子背景增加少许绿色配料摆成竹子，就给人一种清爽的感觉。冬季，人们则喜食色重味浓的暖色调菜肴，如那些红烧、炖焖油汁浓厚、酱红浓郁的菜肴。鲜艳自然的色彩在烹调原料中，几乎可以找到绘画中所有的色彩，它们的色泽鲜艳自然。当然烹调原料的色彩不一定都能搭配在一起，这是由菜肴食材本身的特质所决定的，其中主要是口味和形状，色彩虽然能配得上，而口味不符合则不能应用，需要由其他原料来代替，否则就会弄巧成拙。

既要口味统一，又要色彩和谐，这当然要比绘画的调色难得多。尤其突出的是，花色艺术菜的设色一定要与所表现的主题实际色彩完全相吻合。这就要求厨师要考虑到这种形象的代表色，而且还要弄清楚此种形象的色彩所适合的宴席环境与进餐背景，如金龙的黄色、仙鹤的白色、雄鸡的红色、孔雀的绿色、苍鹰的褐色等。只要把握住其主要部位的色彩，其他色彩则可以代替。另外，还可改变形象本身的色彩，使其成为具有民间工艺美术特色的“作品”，即使用夸张的手法来表现对象，像年画设色那样。单一色彩的形象，在花色艺术菜肴中的设色不能单一，单一色给人以单调呆板的感觉。因而应将其升华，将单一色变成双色或多色。如果实在不能，则应采用其他色彩点缀装饰，以增加盘面的活力。如花色拼盘“雄鹰展翅”，如按其本色，鹰多为黑褐色，照此拼摆，整个盘面的色彩就是一团灰色，并且羽毛的线条也不明显，具有昏暗死寂的感觉，这样对客人的食欲只会起反作用。所以在实际拼盘时，就应增加一两种鲜艳的色彩，不仅可增加形象的美感，也可使羽毛的线条清晰、明显，这就是改单一色为多种色的效果。

厨师要学会根据人们季节心理的变化，构思与这一心理变化相符合的花色艺术菜肴，这是花色艺术菜色彩方面的一大学问。菜肴中通常为了突出某种色彩，而少量地采用与主料色彩对比度较大的材料作点缀，以形成鲜明的对比效果，来衬托主料的色彩，可起到非常好的艺术效果。如“清汤燕菜”，有经验的师傅在制作这一名菜时，总要在清汤见底的汤面上，撒上几枝碧绿的豌豆苗。它既能使这碗汤显得更清新透彻，又能使这清一色的汤菜显得不那么单调，这就是利用了色调对比形成的效果。另外，花色艺术菜中，要尽量少用或不用人工合成色素。虽然合成色素具有使用方便、色泽鲜艳、不受季节影响等特点，但现在人们普遍认为在食品中加入人工合成色素是不讲卫生的表现，而且有潜在的安全因素。所以要尽量少用或不用，尽量使用食品原料的天然色彩来配制花色艺术菜肴。

2．图案设计艺术

花色艺术菜的图案设计，是艺术美的另一种表现手法，一般可分为平面型、浮雕型和立体型三种。

（1）平面型　平面型的创作形式是选用无骨熟制原料，经过精细的刀工处理、造型设色、装拼美化而成的这些艺术性的拼制，通常都在预制好菜肴的平整表面进行，犹如画家在白纸上绘画一样。如“白鹭戏水”“雪映红梅”等，图案清晰，造型活泼，构思新颖，皆为上乘之作。

（2）浮雕型　工艺美术运用的浮雕手法被移植到花色艺术菜的创作中，产生了深远的影响。一些象形冷盘、两种以上热菜的艺术组合，都可以运用浮雕的艺术表现手法。初学者似乎都喜欢模仿或借鉴于雕塑艺术，但有的过于为了雕塑而雕塑，失去了烹饪艺术的根本，就适得其反了。浮雕型象形艺术冷盘、艺术热菜的设计，一般是在正面角度上，经过压缩了的立体形象，如“金鸡报晓”“雄鹰展翅”就是按照工艺美术的浮雕、低浮雕的手法和创作原理进行拼制的。

（3）立体型　近年来，大型立体造型的理念越来越多地运用到花色艺术菜肴的创造中，收到了不错的效果。立体型的艺术菜肴创造，主要是运用立体雕刻、立体拼摆等手法，巧妙地运用原料的特性，将食材以立体或半立体的形态展示在盘子中，是花色艺术菜肴中感受力最强的一种艺术形式。它要求构思精巧、线条流畅、形象逼真，是花色艺术菜中的佼佼者，如“凤凰虾仁”“龙舟鲍鱼”“立体仙鹤冷盘”堪称艺术与技术交融的典范。“凤凰虾仁”是用长南瓜雕成的立体凤凰，凤凰尾部羽毛的下端既是物体的底座，又是美化后装入虾仁的盛器。立体仙鹤则傲立于平面冷盘之中，栩栩如生，呼之欲出。一经展示，这些花色艺术菜的风姿便能美化席面，诱发食欲，使人产生丰富的联想，其魅力之大，由此可见。

第二节 中国菜肴的审美鉴赏

中国烹饪是科学、是文化、是艺术。因此，要全面充分了解中国饮食文化的内涵，就必须从美学审美的角度来对菜点进行鉴赏。所谓菜点鉴赏就是进餐者运用美学的原理，从饮食艺术的角度对中国菜点进行的审美评价。中国菜点的审美内容应该从两个方面进行：一是从传统烹饪的审美意义来看，包括菜肴的色、香、味、形、器、质等方面进行鉴赏；二是从文学艺术的审美角度来看，包括诗词歌赋等文学作品中的描述。

一、烹饪专业的审美鉴赏

1．菜肴的色彩之美

菜肴在入口之前，闻香、观色是最基本的感官鉴赏过程，理想的菜肴的色质，应是悦目爽神、明丽润泽的，能给人一种美的体验和感受。现代心理学的研究成果也表明，某些颜色对人们的情绪、思想和行为确实有着一定的影响，并能引起人们的不同心理反应。因此，菜肴的颜色，对客人的饮食需要也有一定的影响，具有“先声夺人”的效应。高质量的菜肴的色泽能给人以所需要的清纯感、名贵感、高雅感、卫生感和豪华感等。如绿色的食物能给人以清新、生机之感，金黄色的食物给人以名贵、豪华感，乳白色的食物则能给人以高雅卫生的感觉，红色的食物具有喜庆、热烈、引人注目的作用。科学家还发现，色彩与人的食欲有密切关系。如红、橙等偏暖的色调能增进人的食欲；紫红、蓝等偏冷的色调能令人减少食欲。所以，在菜肴的制作过程中，应根据不同菜肴的原料特点，配以不同的颜色。

菜肴的色泽还是衡量菜肴质量好坏的一个重要指标。许多客人往往通过视觉对菜肴初步判断其优劣。各种菜肴的颜色应以自然清新、适应季节变化、适合地域跨度不同、适合审美标准不同、合乎时宜、搭配和谐悦目、色彩鲜明、能给就餐者美感为佳。那些用料搭配不合理，或烹饪加工不当，成品色彩混乱，色泽不佳的菜肴，不仅表明营养方面的质量欠佳，而且还会影响就餐者的胃口和情绪。

2．菜肴的闻香之美

古人云“闻其臭者，十步以外，无不颐逐逐然”。菜肴的香气自古以来就成为中国饮食美的一个重要鉴赏标准了。有时，人们在进餐时，还未见到菜肴的形，就已闻其香，并被菜肴浓郁的芳香所吸引，大有“未见其人，已闻其香”的意境，在没有品尝佳肴之前已经得到了一种美的享受。这就是香气的艺术魅力所在。清人袁枚有《品味》诗一首。云：“平生品味似评诗，别有酸咸世不知。第一要看色香好，明珠仙露上盘时。”说的就是这样的道理。

菜肴的香气是指菜肴和饮品自身所散发飘逸出的芳香气味。人们在进餐时，首先感受到的是菜肴的香气，并通过对气味的分辨来判断菜肴质量的优劣。一般来说，菜肴的温度越高，所散发的香气就越强烈，就易于被食者所感受。因此，热制的菜肴一定要趁热食用。如吃北京烤鸭，烫热的时候，浓香馥郁，诱人食欲，如果放凉后再吃，则浓香尽失，品质大为逊色，从而影响食者对菜肴的审美感受，对其质量的评价自然也就不会高。

3．菜肴的味道之美

菜肴的味道是指菜肴入口后，对人的口腔、舌头上的味觉系统所产生的综合作用而给人留下的感受。对于中国菜肴来说，味道是构成菜肴审美内容的核心。人们到酒店去进餐，除为获取人体所需的营养素外，还有一个重要的内容，就是品尝菜肴的美味给人们所带来的美感。因此，对中国厨师来说，调味是一种艺术活动，通过运用众多调味品的综合效果，使菜肴的味道丰富多彩，诱人食欲。追求味道美，可以说是中国菜肴的精华所在，无论是调味品的种类还是调味的手法，可以说是世界上任何一个菜肴体系无法与之相比的。“吃在广州，味在四川”，其实吃的都是味。因为四川菜有“一菜一格，百菜百味”之美誉，反映了川菜调味艺术的水平。在中国，调味理论也自成体系，诸如“有味使之出，无味使之入”“大味必淡”“适口者珍”“无物不堪食，唯在火候，善均五味”“五味调和百味香”等，都反映了中国菜肴对“味”的审美标准和重视程度。

4．菜肴的形态之美

菜肴的形态是指菜肴的成形、造型。它包括菜肴原料的形态、加工处理后的形状以及加工成熟后的形态。菜肴形态的标准，主要看它能否给进餐客人带来视觉上的审美感受。一个造型优美、富于艺术价值的菜肴，能给就餐者以美的享受。这些效果的取得，要靠菜肴加工者的艺术设计和加工制作。菜肴的造型应以快捷、饱满、流畅为主，再辅以必要的美化手法，使其达到一定的艺术效果，从而增加菜肴美的成分。

从某种意义上说，中国菜肴不仅仅是一种美味佳肴，而且还应是一件艺术佳作。各种食品原料经过厨师的艺术加工，形成优美的造型、逼真的形象和适度的色泽，就能对客人产生强烈的感官刺激，给人以视觉、味觉、嗅觉上美的享受和快感，使其增长食欲。在各种菜肴的造型上，既可利用色、形、技巧创造适宜的形体，也可利用引人遐想、趣味横生的几何图案等，都会给客人美的享受。同时也能满足客人邀请宾朋时自尊、求胜、争美的心理需要。

餐桌上的造型艺术越来越丰富，饭店客人对菜肴形美的要求也越来越高，但无论怎样的造型都必须以食用为基本前提。另外，即使普通的大众点菜，也同样应讲究造型，使客人一见则喜，一见则奇，一食则悦，百吃不厌。

5．菜肴的盛器之美

传统评定中国菜肴优劣的标准，是把菜肴的盛器包括在内的，也就是说饮食器具是组成一个完整菜肴不可分割的部分。这是中国饮食文化审美的一个重要内容，其原则就是雅致与实用的统一。清代著名的文学家、美食家袁枚在《随园食单》中说“美食不如美器”，就可以看出古人是如何把菜肴的盛器视为重要的饮食审美范畴的。菜肴的盛器之美主要表现在盛器与菜肴之间的搭配关系，如一般质量的菜肴用一般质地的器具盛放，而那些山珍海味的高档菜肴，则必须用精致讲究的器具盛装。其中，包括器具的色泽与菜肴色泽的搭配，菜肴的形态与盛器的形态相一致，器具的花纹与菜肴的色调相协调等。因为器具的美对于中国菜肴的整体美显得极其重要，因而器具的设计制作等工艺水平也得到了相应的发展，并有独特的鉴赏标准。仅以制作盛器的材料而言，就有铜、青铜、铁、锡、金、银、钢、陶、瓷、琥珀、玛瑙、琉璃、玻璃、水晶、翡翠、骨、螺、竹、木、漆器等。以陶瓷来说，以名窑名家制作为佳。在中国人的心目中，美食只有得配美器盛装，才能尽显美食的风采，才能相得益彰，给进餐者带来美的享受和艺术的熏陶。

6．菜肴的质地之美

中国菜肴的优劣，一个重要的方面是从鉴赏菜肴入口的质感来进行品鉴的。因为，菜肴的美味之外，还有一种与味觉紧密联系在一起的审美感觉，称作质感。质感是指菜肴进食时给食者留在口腔触觉方面的综合感受。质感通常包括菜肴的脆、嫩、滑、软、酥、烂、硬、爽、韧、柔、富有弹性、黏着性、胶着性、糯性等属性。菜肴的质感是影响菜肴审美的一个重要内容。古代有人在吃酥脆的菜肴时所发出的响声，能在十里之外听得到。这虽然有些夸张，但人们在进餐时对菜肴质感美的追求，却是显而易见的。一个酥嫩爽脆恰到好处的菜肴，才能使人在进食过程中得到惬意的快感与美感，从而获得愉悦的享受。

二、文学艺术的审美鉴赏

我国古代的骚人墨客中有无数的美食家，他们不仅是品鉴美食的高手，而且还用他们的生花妙笔，借助诗词歌赋来歌颂、赞美、描述所品尝过的美馔佳肴。可以毫不夸张地说，我国历代文人留存下来的用以鉴赏各种美食的诗词歌赋，由于数量巨大，几乎无法进行准确的统计。由熊四智先生主编的《中国饮食诗文大典》，选编了具有代表性的美食诗文就有1500多篇。有人进行过粗略的统计说，此类诗文在我国数以万计，是我国珍贵文化遗产的重要组成部分。鉴于此类文学作品数量巨大，不能一一展示，本书仅选取极其少量的具有一定代表意义的作品。

1．楚辞汉赋

楚辞又称“楚词”，是战国时代的伟大诗人屈原创造的一种诗体。作品运用楚地（今两湖一带）的文学样式、方言声韵，叙写楚地的山川人物、历史风情，具有浓厚的地方特色。汉代时，刘向把屈原的作品及宋玉等人“承袭屈赋”的作品编辑成集，名为《楚辞》。并成为继《诗经》以后，对我国文学具有深远影响的一部诗歌总集，并且是中国汉族文学史上第一部具有浪漫主义色彩的诗歌总集。《楚辞》中有不少篇章谈及烹饪饮食，如“怀椒糈而要之”“折琼枝以为羞兮，精琼靡以为粻”（《离骚》），“蕙肴蒸兮兰藉，奠桂酒兮椒浆”（《东皇太一》），“梼木兰以矫蕙兮，糳申椒以为粮”（《惜诵》）等。尤其《招魂》《大招》两篇，描绘了丰富多彩的楚宫饮馔，展现了具有鲜明楚地特色的饮食文化。如《大招》：“五穀六仞，设菰粱只。鼎臑盈望，和致芳只。内鸧鸽鹄，味豺羹只。魂乎归徕！恣所尝只。鲜蠵甘鸡，和楚酪只。醢豚苦狗，脍苴蓴只。吴酸蒿蒌，不沾薄只。魂兮归徕！恣所择只。炙鸹烝凫，煔鹑陈只。煎鰿臛雀，遽爽存只。魂乎归徕！丽以先只。四酎并孰，不歰嗌只。清馨冻饮，不歠役只。吴醴白蘖，和楚沥只。魂乎归徕！不遽惕只。”这段文字记录了楚地先民食、膳、馐、饮等方面的内容，也涉及当时的烹调方法：醢、脍、炙、烝、煔、煎等。文中还提到一些植物性食物，如菰粱、苴蓴、蒿蒌等。王逸《楚辞章句》：“众粱，蒋实，谓雕葫也。”洪兴祖《楚辞补注》：“菰，苽并音孤。”按：菰粱即菰米。菰本作苽，一名蒋，禾本科，多年生草本，生于浅水中，春天发新芽名茭白，或名茭瓜、茭笋。秋季抽穗结实即雕胡。王逸《楚辞章句》：“苴蓴，蘘荷也”，“蒿，蘩草也。蒌，香草也。……言吴人善为羹，其菜若蒌，味无沾薄，言其调也。”洪兴祖《楚辞补注》：“蒌，蒿也，叶似艾，生水中，脆美可食。”蒿蒌亦称蒌蒿、水蒿、柳蒿、藜蒿，可生食，或加佐料拌食，或加肉炒食。清人童岳荐《童氏食规》中就记有“蒌蒿炒豆腐”“蒌蒿炒肉”的菜肴，现在南方还有“蒌（黎）蒿炒腊肉”一菜名。

再看《招魂》：“室家遂宗，食多方些：稻粢穱麦，挐黄粱些；大苦咸酸，辛甘行些。肥牛之腱，臑若芳些；和酸若苦，陈吴羹些；胹鳖炮羔，有柘浆些；鹄酸臇凫，煎鸿鸧些；露鸡臛蠵，厉而不爽些。粔籹蜜饵，有餦餭些。瑶浆蜜勺，实羽觞些；挫糟冻饮，酎清凉些；华酌既陈，有琼浆些。归来反故室，敬而无妨些。”其展示的饮食之精美，花色品种之繁多，佐料之全备，烹调技术之讲究，让人瞠目。对楚地饮食结构的描述，则以食、膳、馐、饮为类，次第进行。其实，早在春秋战国时期，我国就已把饮食分为两个基本的组成部类了。如《论语·雍也》：“子曰：‘贤哉，回也！一箪食，一瓢饮，在陋巷，人不堪其忧，回也不改其乐。贤哉，回也！’”这食，是指谷类做的饭；饮，则指的是清水、浆饮。

《周礼》中体现的饮食结构也大致为饮、食、膳、馐、珍、酱，如《周礼·天官》：“凡王之馈，食用六谷，膳用六牲，饮用六清，馐用百有二十品，珍用八物，酱用百有二十瓮。”可知当时膳夫的职责，就是掌王之食、饮、膳、馐。郑玄注曰“食，饭也；饮，酒浆也；膳，牲肉也；馐，有滋味者。凡养之具，大略有四”。《招魂》所列上述饮食，同样按这食、饮、膳、馐四个部类依次排列，其所反映的楚国饮食风俗，与《周礼》《礼记》所记大体一致。

在中国的文学史上，汉代的最高成就是辞赋。而辞赋中描述歌颂的主题与内容是十分宽泛的，其中就有大量的对宴饮场面、美馔佳肴的记录与描写。虽然这些汉代辞赋属于文学作品，对菜肴食品的描写有夸大虚拟之嫌，但任何一个时代的文学作品都是离不开生活基础的。汉赋中对于当时宴饮场面、美味菜肴、食品加工等的记录和描述，也可以从一个侧面展示我国汉代菜肴制作水平之一斑。其中以张衡的《二京赋》《南都赋》最有代表性。

《西京赋》节选：“……于是鸟兽殚，目观穷。迁延邪睨，集乎长杨之宫。息行夫，展车马。收禽举胔，数课众寡。置互摆牲，颁赐获卤。割鲜野飨，犒勤赏功。五军六师，千列百重。酒车酌醴，方驾授饔。升觞举燧，既釂鸣钟。膳夫驰骑，察贰廉空。炙炰伙，清酤䤕；皇思溥，洪德施；徒御悦，士忘罢……”如果把这段文字翻译成今天的文字，其大意是：于是鸟兽空尽，观赏穷遍。于是边退却边搜索，停集于长杨宫前。休息士卒，展列车马。集中活禽死兽，清查计算多寡。立起木架悬挂死物，猎获的活禽分赏众人。宰割野味单行野宴，犒劳辛苦赏赐有功。五军六师的将士，排成千列百行，酒车往来送酒，车驾并列分授熟肉。高举酒杯燃起烽火，对天干杯击鼓鸣钟。膳夫骑马来回奔跑，巡视检查重菜缺肴。烹烤丰盛，美酒盈多。皇恩普及，洪德遍施；车夫欢悦，士卒忘疲。这是关于军队野炊的一段描述，虽然没有具体的菜肴记录，但宴中烹制烧烤的各种珍禽野兽的芳香似乎已经沁人心脾。

辞赋中还诸如“鸣钟列鼎而食”的场面很多，记录描述的各种鱼类、水产、禽鸟、蔬菜瓜果等菜肴原料应有尽有。

下面是《东京赋》节选的部分句子：“……命膳夫以大飨，饔饩浃乎家陪。春醴惟醇，燔炙芬芳。君臣欢康，具醉熏熏。……于是春秋改节，四时迭代，蒸蒸之心，感物增思，躬追养于庙祧，奉蒸尝与禴祠。物牲辩省，设其楅衡。毛炰豚胉，亦有和羹……”宴饮菜肴如何，用“燔炙芬芳”作代表，不仅君臣宴饮如此，就连祭祀的菜肴也很讲究，所谓“毛炰豚胉，亦有和羹。”看来不仅丰厚，而且烹调也很精致。

再看《南都赋》节选的内容：“若其厨膳，则有华芗重秬，滍皋香秔，归雁鸣鵽，黄稻鲜鱼，以为芍药。酸甜滋味，百种千名。春卵夏笋，秋韭冬菁。苏蔱紫姜，拂徹膻腥。酒则九酝甘醴，十旬兼清。醪敷径寸，浮蚁若萍。其甘不爽，醉而不醒。及其纠宗绥族，禴祠蒸尝。以速远朋，嘉宾是将。揖让而升，宴于兰堂。珍羞琅玕，充溢圆方。琢琱狎猎，金银琳琅。侍者蛊媚，巾幯鲜明。被服杂错，履蹑华英。儇才齐敏，受爵传觞。献酬既交，率礼无违。弹琴擫籥，流风徘徊。清角发徵，听者增哀。客赋醉言归，主称露未晞。接欢宴于日夜，终恺乐之令仪。”根据《昭明文选译注》一书的译文，这段文字的大意是：说到饮食，尤其美妙。华芗的黑黍，滍水的粳稻，肥美的大雁，肉嫩的鶂鸟，米饭鲜鱼，调味佳肴。酸甜滋味，百种千名。春天的小蒜，夏天的竹笋，秋天的韭菜，冬天的芜菁，调料有苏蔱紫姜，能够除去膻腥。至于美酒，更是出名。九酝甘美，十旬纯清。米酒混浊，浮皮若萍。甜不伤人，醉而不病。团结宗族，四时祭祖。邀请远方朋友，嘉宾纷纷而至。宾主拱手施礼，赴宴登上兰堂。佳肴美味，珍贵如玉，无比丰盛，充满餐具。美器雕饰花纹，满目金银琳琅。侍女妖媚，华服艳妆。每人穿戴，各不一样。小脚作细步，绣鞋生彩光。机灵敏捷，递盏传觞。互相劝酒，彼此谦让，恪守礼节，分寸相当。弹琴吹籥乐声起，乐声起处音回荡。角音徵音多凄清，使人听了增哀伤。客人赋诗“醉言归”，主人和诗“露未晞”。宴饮通宵达旦，狂欢不失尊严。

汉代的扬雄写过一篇《蜀都赋》，也是非常美妙的辞赋。张衡《南都赋》的盛况，在扬雄《蜀都赋》中也类似的描述，虽然一个是中原，一个巴蜀，但是可以得到相互证实的，文章中记录的菜肴原料多达近百种，山珍海味、瓜果蔬菜、飞禽走兽无所不包。扬雄在《蜀都赋》说：“调夫五味，甘甜之和，芍药之羹，江东鲐鲍，陇西牛羊，糴米肥賭，麤麃不行，鸿𫛢𤢕乳，独竹孤鸧，炮鹴被绌之胎，山麇髓脑，水游之腴，蜂豚应雁，被鵴晨凫，戮鶂初乳，山鹤既交，春羔秋鼬，脍鲛龟肴，秔田鷜鷘，形不及劳，五肉七菜，胜厌腥臊，可以练神养血腄者，莫不毕陈。”可以看出，这些菜肴中，有从辽东和陇西地区贩运来的海产和牛羊肉，有本地用大米催养的肥猪，有容易猎获的麤麃。人们在长期的烹调中，对制作菜肴积累了丰富的经验，鹅要吃大的，猪要吃小的，鸭和鸧要吃未经交配过的，狍鸋和被貔要吃胎儿，山麇要吃脑髓，鱼要吃腹部一段。应时的菜肴有大的野猪，随季节来去的大雁，小的斥鷃，会飞的水鸭，嫩的野鹅和山鹤，春天的羊羔，秋天的竹鼠，刚学起飞的秧鸡等。菜肴用料的搭配也很合宜，制作菜肴时，脍要用娃鲮鱼作材料为好，这是经过了选择的。对牛、羊、鸡、犬、豕肉菜肴的制法，则讲究火候适宜，或大火熟烂，或慢火炖焖。调料如葱、蒜、韭、蓼、藿、薤、蔓、椒、酱、酒等，也都配备齐全。这些情况，说明在我国的汉代，不仅中原发达地区菜肴烹制水平精美，就连西南地区的巴蜀一带，其制作菜肴的水平也是相当考究的。

2．唐宋诗词

在中国的文学史上，唐宋诗词的文学成就是不言而喻的。在唐宋诗词中描述歌颂的主题与内容是十分宽泛的，其中就有大量的对宴饮、美馔、佳肴、烹饪、美酒等的记录与描写。因为唐宋诗词太多，仅选取以扬州菜肴烹饪为背景的少量诗词为代表。

唐李白《送当涂赵少府赴长芦》：“我来扬都市，送客回轻舠。因夸楚太子，便观广陵涛。仙尉赵家玉，英风凌四豪。维舟至长芦，目送烟云高。摇扇对酒楼，持袂把蟹螯。前途倘相思，登岳一长谣。”

宋梅尧臣《前日》诗：“前日扬州去，酒熟美蟹蜊。秋风淮阴来，沙暖拾蚌蛳。不言尔贫富，只系其鄙夷。汉重二千石，后世何忽之?”梅尧臣《许待制遗双鳜鱼》诗：“（因怀顷在西京于午桥石濑中得此鱼二尾，是时已分饷留台谢秘监，遂作诗与留守，推欧阳永叔酬和，今感而成篇，辄以录上。）昔时三月在西洛，始得午桥双鳜鱼。墨薜点衣鳞细细，红盘铺藻尾舒舒。麟台老监分烹去，莲幕佳宾唱和初。今日扬州使君赠，重思二十九年余。”

宋代大文学家苏轼《到官病倦，未尝会客，毛正仲惠茶，乃以端午小集石塔，戏作一诗为谢》：“我生亦何须，一饱万想灭。胡为设方，养此肤寸舌。尔来又衰病，过午食辄噎。谬为淮海帅，每愧厨传缺。爨无欲倩人，奉使免内热。空烦赤泥印，远致紫玉玦。为君伐羔豚，歌舞菰黍节。禅窗丽午景，蜀井出冰雪。坐客皆可人，鼎器手自洁。金钗候汤眼，鱼虾亦应诀。遂令色香味，一日备三绝。报君不虚受，知我非轻啜。”

苏轼《扬州以土物寄少游》诗：“鲜鲫经年秘醽醁，团脐紫蟹脂填腹。后春莼茁活如酥，先社姜芽肥胜肉。鸟子累累何足道?点缀盘飧亦时欲。淮南风俗事瓶罂，方法相传竟留蓄。且同千里寄鹅毛，何用孜孜饮麋鹿!”

宋人黄庭坚《次韵王定国扬州见寄》诗：“清洛思君昼夜流，北归何日片帆收?未生白发犹堪酒，垂上青云却佐州。飞雪堆盘脍鱼腹，明珠论斗煮鸡头。平生行乐自不恶，岂有竹西歌吹愁?”

黄庭坚又有《次韵师厚食蟹》诗：“海馔糖蟹肥，江醪白蚁醇。每恨腹未厌，夸说齿生津。三岁在河外，霜脐常食新。潮泥看郭索，暮鼎调酸辛。趋跄虽入笑，风味极可人。忆观淮南夜，火攻不及晨。横行葭苇中，不自贵其身。谁怜一网尽，大去河伯民。鼎司费万钱，玉食常罗珍。吾评扬州贡，此物真绝伦。”

宋人戴复古《扬州端午呈赵帅》诗：“榴花角黍斗时新，今日谁家不酒樽?堪笑江湖阻风客，却随蒿艾上朱门。”

宋人刘克庄《忆藕》诗：“昔过临平邵伯时，小舟买就藕尤奇。如拈玉尘凉双手。似泻金茎咽上池。好事染红无意思。痴人蒸熟减风姿。炎州地狭陂塘少，渴杀相如欠药医。”

3．文学名著

我国自古以来，几乎没有一个文人不是美食家。于是，在他们留下的著作中就有许多烹饪美食与宴饮场面的描述，既生口腹之欲，又秉生花妙笔。在他们笔下的饮食文字活色生香，读者犹如品味到嘴里那回味无穷的感觉。下面简要介绍我国一些名著中的美食文字。

（1）《红楼梦》中的精妙美食　作者曹雪芹生于豪门世家，从小吃的见的都是饮食中的极品，中年落魄后，则将平生所见所食倾注笔端，真是“别有一番滋味在心头”。先不提那道吃不出茄子味的“茄鲞”，光是宝玉丫头芳官吃的虾丸鸡皮汤、酒酿清蒸鸭子、胭脂鹅脯、奶油松瓤卷酥并一大碗热腾腾、碧莹莹绿畦香稻粳米饭，就令人读之口舌生津、馋涎欲滴了。更有风雅的，那莲蓬银模子带出的荷叶儿小莲蓬儿汤，可让宝玉病后思之，观后向往之。也有可人画的，那便是缠丝白玛瑙碟子盛着的鲜荔枝，更有奶油炸的各色各样小面果。曹雪芹一支妙笔，写得如此活灵活现。

（2）《西游记》中的乡野食材　作者吴承恩久居江淮，科举场中屡遭挫折，比较接近农村渔樵、荒观野寺，颇知下层人民生活甘苦。他笔下食物，大多不是珍奇异味。他记叙渔民的菜肴：“仙山云水足生涯，摆橹横舟便是家。活剖鲜鳞烹绿鳖，旋蒸紫蟹煮红虾。青芦笋，水荇芽，菱角鸡头更可夸。娇藕老莲芹叶嫩，慈姑茭白乌英花。”在他笔下，樵夫的饮食是：“崔嵬峻岭接天涯，草舍茅庵是我家。腌鸭腊鸡鹅蟹鳖，獐狗兔鹿胜鱼虾。香椿叶，黄楝芽，竹笋山茶更可夸。紫红桃，梅杏熟，甜梨酸枣木樨花。”在我国古典文学中有关筵席的资料相当丰富，但绝大多数是荤席，至于斋席素宴，很少看到比较完整的资料。《西游记》最大的特点在于补充了这个方面的缺失。

（3）《水浒传》中的琼林御宴　作者施耐庵对元明年间的饮食情况，在小说中有过许多精彩的描写。其中最精彩的是介绍了当时的“琼林御宴”，菜肴有：“赤瑛盘内高堆麟脯鸾肝；紫玉碟中，满饤驼蹄。熊掌桃花汤洁，缕塞北黄羊，银丝烩细，剖江南之赤鲤。”其中的驼蹄、熊掌、黄羊、赤鲤等，都是现代宴席上的珍馐。《水浒传》还是我国酒文化的集大成者，一百单八将中几乎无一英雄不喜欢酒，无一章节不写饮酒，酒成了刻画典型环境中典型性的需要，成为喜剧美和悲剧美的体现。

（4）《儒林外史》中的南方食馔　作者吴敬梓的《儒林外史》共56回，每回都涉及饮食内容，光是食品种类就多达200余种。菜品高中低档都有，详细描绘了杭州、扬州、南京等江南古城的饮食习俗及市井饮食业盛况，既反映了上至都市富商大户的钟鸣鼎食、穷奢极欲的饮食场面，又写到了下至引车卖浆者粗茶淡饭的节俭生活状态。就其菜品，有虫草、燕窝、海参、鱿鱼等山珍海味，而记载较丰富的是流行于民间的普通菜肴，如煎肉圆、猪头肉、白切肉、炒腰子、白切肚子、煮鲢头、煮牛肉、醉白鱼、盐水虾、焖青鱼、炒面筋、脍腐皮等。

第三节　中国菜肴的命名艺术

中国烹饪所创造的美食，给人的美感是多方面的，如果再加上一个美好动听的菜名，可以把人的美感引向新的境界。因而，中国自古以来就非常重视菜肴的命名。从宏观上来说，中国菜肴的命名以讲究典雅好听为主，所谓典雅是说菜肴的名称大多有一定的含义或寓意，或富有质朴之美，或充满意趣之雅，或奇巧，或诙谐，各得其妙。就以菜肴的意趣之美而言，讲究的是有虚有实，有的以虚为主，有的是以实见称，也有虚实结合的，但都能起到画龙点睛的效果。纪实的菜肴有的是原料加制法，如麻辣仔鸡、醋熘白菜；有的是地名加菜名，如德州扒鸡、北京烤鸭；有的是人名加菜名，如东坡肉、文思豆腐；有的是以菜肴形态命名，如灯影牛肉、蝴蝶海参。而以虚为手法的命名，实际上是把菜肴的名称艺术化，有的借助诗情画意，如白鹭上青天、黄莺穿绿柳；有的掌故翻新，如三阳开泰、春风得意；有的取其异境，如平地一声雷、佛跳墙；有的反语正说，如叫花鸡、怪味鸡；有的巧用俗语，如寿比南山、四海为家；有的妙语谐音，如恭喜发财、一团和气、百年好合等。其目的都是为了顺应心情心理，增加菜肴的艺术感染力，增加菜肴的美感。

一、菜肴命名的分类

我国烹饪文化源远流长，美味佳肴名扬四方，那脍炙人口的美食名吃，都是通过菜肴的名称而得以流传。因此，除菜肴的色、香、味、形俱佳外，给菜肴起一个好的名称就显得尤其重要，无论是一般的菜肴还是花色艺术菜。根据菜肴的类别，一般可以分成两大类：即普通常见菜肴的命名和花色艺术菜肴的命名。

1．普通常见菜肴的命名

（1）按烹调方法和所用主料命名　如“红烧全鱼”“干炸里脊”“白灼大虾”“清炸鸡腿”“油爆田鸡脚”“生炒肚尖”“汤氽玻璃肚片”“烤乳猪”“清炖乳鸽”等。这种类型的命名方法最为普遍，使人一见菜名就可以了解菜肴的整个面貌。这种方法对一些烹调具有特色的菜肴更加适宜。

（2）按调味方法和所用主料命名　如“蚝油牛肉”“糖醋排骨”“茄汁鱼片”“咖喱凤翅”“椒盐鹌鹑”“酱爆肉”等。这种类型的命名方法也较为普遍，它重点突出了菜肴的口味，对一些确有特色的菜肴尤为适宜。

（3）按烹调方法和原料的某一方面的特征命名　如“烩三丝”“油爆双脆”“双冬鸡片”等。这种命名方法突出烹调方法以及菜肴的色泽、形态等方面的特点，有的菜肴虽不具体标明所用原料的名称，但能使人对所用原料的性质一目了然。要表明烹调方法和原料的某种特征，可使用这种命名的方法。

（4）按所用的主料和某一突出的辅料命名　如“马蹄鸡球”“荔芋扣肉”“冬虫草炖乳鸽”“辣子鸡”“西芹肚球”“柠檬鸭”“菠萝鸭片”等。这种类别的命名方法，突出地反映菜肴的用料方面的特点，特别对那些辅料的口味在整个菜肴中是起重要作用的菜肴更为适宜。

（5）把主辅料及烹调方法全部在名称中反映出来　如“蚝油烩双冬”“凤油扒菜胆”“红油拌肚丝”“肉丝烧豆腐”“三色炒肉丝”“栗子烧鸡件”“五柳熘全鱼”等。这类命名方法非常普遍，为制作一般菜肴所应用，这种命名方法可以从菜名中看出菜肴的用料和烹调方法。

（6）按色彩、形态和所用主料命名　如“金钩爪脯”“八宝葫芦鸭”“松鼠全鱼”“脆皮大虾”“金针虎皮蛋”“碧绿鱼丸”“菊花肚”等。这种命名方法反映出菜肴的某一显著的突出之处，比较适用于花色艺术菜肴的命名。

（7）在主要用料前加上人名或地名　如“麻婆豆腐”“北京烤鸭”“东坡肉”“梧州纸包鸡”“桂南醉鸭”“南宁泡皮鸡”“桂林板栗鸭”“玉林牛肉丸”等。这类命名方法可以说明菜肴的起源与特色，适用于有烹调特色并具地方色彩的菜肴。

（8）单纯用形象寓意来命名　如“花好月圆”“珍珠丸子”“如意腰卷”“鸳鸯鸡”“恭喜发财”“龙凤汤”“龙凤呈祥”“雪里藏珍”等。这种命名方法从字面上看比较难理解。一般用于花色艺术菜。但在应用此方法命名菜肴时要注意确切自然，不能生搬硬套，牵强附会，使人觉得难以理解。

2．花色艺术菜肴的命名

我国花色艺术菜肴品种繁多，其命名方法较之普通常见菜肴虽有某些不同之处，但总离不开菜肴的用料、色彩、形状、口味等方面的内容。根据对我国已有的花色艺术菜肴名称的分析，其命名方法可归纳为以下几种。

（1）根据“色”来命名　如用“碧绿”“翡翠”“珊瑚”“黄金”“白玉”等来形容菜肴的色彩之美。如“碧绿穿鱼丸”“翡翠鱼米”“珊瑚虾球”“富贵黄金卷”“白玉双脆”等，都属于这种方法命名的菜肴。

（2）根据“味”来命名　如用“陈皮”“芝麻”“面包糠”“五香”等来表明菜肴的口味特征。如“陈皮炖鸭”“芝麻鱼蓉卷”“五香猪排”“怪味鸡”等菜肴，属于这种命名方法。

（3）根据“形”来命名　如以“麦穗”“菊花”“灯笼”“葵花”“玉兰”“蝴蝶”等形状给菜肴命名。如“麦穗鱿鱼”“菊花鱼”“灯笼鱿鱼”“葵花鸡”“玉兰鱿鱼”“蝴蝶海参”等，都是这种以“形”的方法来命名的。在传统素菜中，以精致手工制成的“鸡”“鸭”“鱼”“虾”“海参”“青竹”等也属于这一类。

（4）根据“形”“实”命名　此类菜名既富有鲜明的形象，又烘托出菜肴的主要内容，或突出制作菜肴的某种特殊原料，并往往伴随雕刻品装点，如“龙舟载宝”“金玉满堂”“龙凤西瓜盅”“迎宾花篮”“农家乐”“姜太公钓鱼”等。

除此之外，有些菜肴还可以采取比较特别的方法来命名。如根据制作时的手法命名，如“柴把鸭”“扎猪手”等，就是根据厨师制作时，将主要原料切成条或片，再用黄花菜、海带、干菜丝等将主料一束一束地捆扎起来命名的。另如“扣三丝”“扣水鱼”“瓤青椒”“八宝瓤蟹盒”“冬瓜卷”“龙穿凤翅”“三丝穿鱼丸”等。还有根据所用盛装器皿、雕刻品、吉祥数字，乃至运用成语典故、诗词句子等，如“鸭仔煲”“鱼香茄子煲”“龙舟载宝”“凤戏牡丹”“一品豆腐”“双色鱼圆”“炒三泥”“四季发财”“雪中送炭”“岁寒三友”“花好月圆”“肝胆相照”“一行白鹭上青天”“门泊东吴万里船”等。

二、菜肴命名的艺术手法

中国菜肴的命名，无论利用哪种方法，都应遵循简洁、健康、吉祥、上口的基本原则。并且要做到名副其实，使菜肴命名足以体现菜肴的特色或反映出菜肴的全貌。力求雅致得体，不可牵强附会、应当朴素大方，不可滥用辞藻，更不能庸俗下流。有些菜肴的名称往往滥用辞藻，如“豆角炒牛肉”称作“乱棍打死牛魔王”，“空心菜汤”称作“青龙过海”等，显得华而不实，客人往往感到有被蒙骗的感觉。有些甚至庸俗下流，如“白切鸡”称作“贵妃出浴”，“奶油包子”称作“包二奶”等，这是不可取的。

实际上，菜肴的命名是否名实相符、高雅得体，它与厨师的文化素养息息相关，我们在学好烹饪技艺时，应不断提高理论和文化水平，这样才能够互相促进，相得益彰。一般来说，菜肴的命名往往与所用的原料、烹调方法、色彩、质地、口味及形体特征有直接联系，有时还与历史典故、民间传说、地方特色有很大关系。常见菜肴命名的艺术手法包括如下几个方面。

1. 运用吉祥数字

（1）一品　本指封建社会的最高官阶，例：太帅、太保、太尉、司徒、司空，皆是官居一品，菜肴借用此词，形容菜肴的名贵高级。例“一品燕窝”“一品酥方”“一品火锅”等。宫廷菜和官府菜中运用较多。

（2）三元　取三元吉祥之意命名菜肴。古时以天、地、人为三元，也有以每年正月初一为三元，愿开年大吉，祝诸事如意。三元在烹饪中多指三种原料，例“三元白汁鸭”“三元鱼脱”“三元牛头”等。

（3）四喜　烹饪中一是指运用四种原料制作成一个菜肴，或运用一种原料制成四个分量相等、外形相同的菜肴，盛装在一个盛器中，例“四喜虾饼”“四喜丸子”“四喜鱼卷”等。旧时四喜本来是指人们最值得庆贺的四件事，古诗中描述的人生四大喜事指的是："久旱逢甘雨，他乡遇故知，洞房花烛夜，金榜题名时"。现在用在菜名上，意为祝人吉祥。

2．运用吉祥动物

（1）麒麟　传说中一种尊贵的动物，其外形如鹿，独角，全身长满麟甲，尾像牛，多作为吉祥的象征。菜肴中以此名菜，富意吉祥，例"麒麟鳜鱼""麒麟大虾"等。

（2）鸳鸯　鸟名，雄为鸳，雌为鸯，体小似鸭，嘴扁平而短，雄者羽毛漂亮，雌者全体苍褐色。菜肴中把色成双、味成双及原料成双的菜点，冠以鸳鸯之名，例如"鸳鸯火锅""鸳鸯海参""鸳鸯鱼扇"等。

（3）其他吉祥事像　如八宝、绣球、龙船、翡翠、八仙等，如"八宝海参""绣球干贝""水晶鸭方""水晶肘子""翡翠虾仁""八仙过海""狮子头""龙船送宝""松鼠鳜鱼""八宝葫芦鸭""鲤鱼跳龙门""全家福""母子会""二龙戏珠""瑶池鲜果""游龙戏凤""金鱼戏水"等。这些菜肴命名所运用的手法，或强调菜肴的形象特征，或蕴含美好吉祥的寓意，或注重菜肴的艺术造型，或表达幸福美好的祝愿，都是为了引起人们的好奇心，以招徕客人的光顾。

3．运用其他手法

（1）以素菜形式命名　这是将菜肴做成荤菜的样子，满足少数人的心理需求，以享口福，例如"素海参""素鸡""素鱼圆""素鳜鱼"等。

（2）以蔬果等盛器命名　将蔬果粉丝制作成食物盛器的外形，来盛装菜肴，既是盛器又是食物，例如"西瓜盅""冬瓜盅""渔舟唱晚""鹊巢虾仁"等。

（3）以中西结合命名　强调菜肴是采纳西餐原料或西餐烹饪方法制作的，吃中餐菜，体现西餐味道，例如"千岛牛肉""吉利虾排""沙司扇贝""牛排布丁""法式猪排"等。

（4）以夸张的手法命名　通过夸张手法，渲染气氛，给人焕然一新的感觉，例如"天下第一菜""天下第一羹""平地一声雷"等。

（5）以渲染神奇制法命名　强调独特的烹饪方法或食用方法引人入胜，例如"两吃活鱼""冲浪海参""泥鳅钻豆腐""火烧冰激凌"等。

（6）以宴会主题命名　如祝寿和婚庆宴席多用"八仙贺喜（八围碟）""长命百岁（红烧甲鱼）""安居乐业（鹊巢双翠）""源远流长（阿妈手擀面）""红粉俏佳人（枸杞炖金鸡）""千丝心心结（鸡丝翅肚）""百年好合（莲子百合）""早生贵子（红枣炖莲子）""松鹤延年""龙凤吉祥（鸡球炒虾球）"等。

（7）以历史典故或传说命名　例如"佛跳墙""叫花鸡""红嘴绿鹦哥""东坡肉""黄桥豆腐"等。

思考与练习

1. 中国菜肴的造型艺术有哪些?
2. 在菜肴点缀和围边中需要注意哪些问题?
3. 从烹饪专业的角度对菜肴进行审美鉴赏，包含哪些内容?
4. 中国菜肴的命名有哪些分类?
5. 中国菜肴的命名有哪些艺术手法?

第七章

中国烹饪科学与未来发展

中国烹饪技艺源远流长，是中华民族优秀文化遗产的重要部分。“烹饪是科学、是文化、是艺术”已成为人们的共识。但是对烹饪科学研究的价值认识不够。由于对烹饪活动内容认识的局限，一般认为烹饪的科学研究离不开食品科学的范围，无须再建立一门新的科学。事实上，烹饪活动的技术形态部分的确脱离不了也无法脱离食品科学的范围，但是其消费形态及广义文化概念上的载体作用的研究则是食品科学所无法涵盖的。如果我们从烹饪活动的全过程及相关的社会功用对烹饪科学研究的价值加以认识，就会发现它的价值所在。但由于历史、文化、经济及科技发展等多方面原因，中国的烹饪工艺仍处于盲目性、随意性、经验性阶段，缺乏科学化、定量化、标准化，烹饪科学研究的相对滞后，使得现有的菜谱及烹饪工艺教科书缺乏对实践的真正指导，必须进一步加强烹饪科学研究，加强烹饪科学原理的普及与推广。这是关系到我国人民生活的综合质量能否与经济发展同步提高，弘扬民族传统文化，使中国烹饪尽快实现科学化、产业化、标准化、低碳化的根本问题。

第一节　烹饪学的内涵

烹饪学这个名词，从诞生到现在，不过三四十年，所以一般辞书均不收录。加之它的实际内涵一直争论不休，持弘扬观点的人，说它博大精深，似乎远在其他学术之上；持科学观点的人，说它不过就是做饭做菜的一门技术。

烹饪学从本质来说，属于自然和技术科学，即属于Science and Technology的范畴。又因为它是研究烹饪劳动的规律性的科学，而烹饪劳动又兼具文化属性和艺术属性。所以烹饪学的整体组成部分应包括烹饪文化（或饮食文化）、烹饪艺术和烹饪科学三部分。这里的烹饪文化实为文化的概念，即指烹饪劳动与人类社会的关系，而不是当前我国烹饪学术界所宣传的那个包罗万象的大文化的概念。从物质第一性这个认识的基本原则来说，属于自然和技术科学的这个部分是它的基础和核心。

烹饪学是研究烹饪劳动规律性的技术科学，即等于认定了这种技术科学的基础和核心就是人类在数十万年的生活实践中形成的烹饪技艺，它以制作供人们直接食用的主食和菜点为其主要目的。因此烹饪学的研究对象便是这些主食和菜点，研究这些主食和菜点在制作过程中所依据的一切原理和遵循的各种技术规范。

季鸿崑先生认为，烹饪就是食品加工，因此烹饪学是食品科学的一个分支。这是因为：

（1）以刀工、火候和调味为技术要素的烹饪技术体系，在目前的情况下，仍然是以手工技艺为主，但由它上升的机械化作业，已经属于食品科学。

（2）从烹饪技术的理论体系来看，离不开营养学、分子生物学和现代化学的支撑，这和近代食品科学毫无二致，它在历史上曾有过的那一点“阴阳五行说”，本来就处于碎片的状态，现在已无修补的可能。

（3）当代烹饪技术的传承系统已经转变成近代教育的一部分，在教育方法、教学手段和管理理念基本上摒弃了师徒相授的旧传统，这和近代食品工程教育几乎是一样的。

（4）在生产组织和经营管理方面，由烹饪技术支撑的餐饮行业，其现代化趋向日益明显，其管理思想明显受到工业化的熏陶。

以食品（即菜肴点心等）制作为主要生产形态的烹饪技术，即烹饪学，在目前仍然是以手工生产为主的传统技术，随着第三次工业革命的深入开展，机械化、智能化的烹饪设备必将进入人们的饮食活动之中。“炒菜机器人”有可能成为这场技术革命的切入点和增长点，甚至3D打印技术也会在社会餐饮行业得到应用。

尽管烹饪具有科学技术、文化和艺术三重属性，但其核心部分仍然是科学技术。所以，烹饪学就是烹饪技术科学，而烹饪文化和烹饪艺术始终是处于从属地位的。

第二节　烹饪的未来发展

为使烹饪的科学水平得到持续稳定的提高，尽快赶上甚至超过其他学科的发展步伐，要不断进行烹饪科学研究，在科技迅速发展的今天，烹饪原料不断扩大，地域之间的交流越来越频繁，新的产品和加工制品不断产生没扩大了烹饪的原料来源，使烹饪原料越来越丰富；烹饪工艺得到进一步发展，机械化、自动化、数字化、智能化烹饪工艺将得到突飞猛进的发展，其涉及范围将日益扩大；消费市场日益繁荣媲美。烹饪工艺将更加科学化，并向全面智能化方面发展。

一、烹饪产业化

中国烹饪的发展在现代市场经济下，首先是要建立创新发展的模式，这是毫无疑问的新发展基础问题。但现代市场经济下的中国餐饮业仅仅有创新的观念还是不行的，更需要建立适应现代餐饮市场发展规律的发展模式。传统的中国烹饪经营模式是以小规模的一店一铺为基础的，各自为战，单打独斗，尤其形成不了链式的纵向发展，发展至今仍停留在民间工艺、民间作坊式的发展模式上，这与日益激烈竞争的现代餐饮市场是相悖的，更背离了市场经济的发展规律。市场经济相信的是竞争力，而竞争力的来源对于餐饮企业来说，就是要在观念转变的前提下，走中国烹饪产业化的发展之路。

历史的经验已经证明，单一性质的方向不符合中国烹饪的发展趋势，多层面多角度的发展思路才是科学之举。中国烹饪产业化发展便是在这种形势下由市场提出的要求，是在效率提升和效益创造的双重作用下形成的一次创新和变革，也是对中国烹饪生产经营性质的一次转变和发展。

产业化发展的前提是能形成较为完备的产业组织，这一组织是以同一产品市场的企业关系结构为对象，保持产业内的企业有足够的改善经营、提高技术、降低成本的竞争压力，利用“规模经济”使产业单位成本处于最优化水平。餐饮业属于服务经营范畴，体现的是服务劳动过程中的经济现象，具体可以表现为餐饮工作者围绕着餐饮产品的生产、销售、流通以及消费而进行的系列活动。

从我国当前餐饮业的发展趋势来看，中国烹饪产业化的发展已有了充足的契机，一方面国民经济的快速增长、进一步扩大内需市场的发展战略为餐饮市场的持续繁荣不断注入新的活力。另一方面餐饮业的持续红火又是刺激消费、拉动内需的有力举措，良性循环的运行态势给传统的中国烹饪产业发展赋予了新的内涵。这一态势也促使中国烹饪的产品质量和产品品格的双重提升，在与相关产业的相互促进和带动之下，能够形成一个完善的中国烹饪产业链。

二、烹饪标准化

据统计资料表明，在当今世界经济发达的国家里，技术进步对经济增长的贡献率已由20世纪初的5%～20%上升到20世纪80年代的60%～80%，而且在进入21世纪以来，这个比例还在大幅度提高。在现代化的工业社会中，科学技术进步的贡献已明显超过了资本和劳动力的贡献。所以，在当前的产业结构调整中，知识和技术创新已经完全占据主导地位。中国烹饪在很长时期内都是一种技艺和经验相结合的生产操作，尤其是经验型烹调一直都占据着主导地位。一些书籍和菜谱中出现较多的是“适量”“少许”“八成油温”等字眼。尽管菜点风味流派和特色的多样化是体现中餐竞争力的优势所在，一些业内人士也提出了中国菜肴生产的“模糊优势”。但针对某个固定产品的特点和口味难有准确的定性，显然会影响菜肴产品的推广和传播，这样的产业化也只能处于一种低水平重复的状态。

因此，中国烹饪在文化性和艺术性等方面的积淀要想得到进一步的长足进展，就必须着眼于菜肴产品的市场化发展，需要摈弃一些传统思维。尤其是当传统技艺在受到现代科技的影响和冲击时，如何更好地使两者相互融合相互弥补，进而推动中国餐饮产业的快速发展就是中国烹饪产业化发展所要面临的新问题。

因而，符合中国烹饪产业化特点的尝试和做法要在行业内得到逐步推广，产品制作和生产工艺上的变革尤其如此，量化操作、菜肴制作标准化无论是中国烹饪研究，还是餐饮行业的烹饪实践都需要有选择、有步骤地进行。一些传统名菜点在市场中要保持其特色和个性，就必须确保不同地域同一产品质量的稳定性和恒久性。而实现这一可能的关键环节是确定菜点制作过程中的诸多不稳定因素，使中国烹饪生产与作业实现标准化。这是当前所要解决的关键问题。

中国烹饪产品生产的标准化是一个系统工程问题，它至少包括餐饮企业经营管理的标准化、原料供应与加工环节的标准化、工艺配方的标准化、生产加工设备设施的标准化等。实施中国烹饪生产标准化的基础是要实现餐饮企业的规模经营与产业化发展，特别要走发展连锁经营的模式。对于寻求连锁经营的中国烹饪餐饮企业来说，一方面需要加强原料加工和半成品配送中心的建设，另一方面要在市场方面和一些经营实体强化标准统一的人才培养规格和流动机制。

同时，中国烹饪技术创新的物质载体主要体现在烹调器具和设备上。中国烹饪科技含量和知识含量的单薄是一个现实的存在，以手工为主的操作方式一直难有明显改进。即使近几年引进了一些新技术设备，但都不具有自主的研发成果，而且与表现中国烹饪技术特征不完全相吻合，甚至传统中国烹饪中的带柄的炒瓢、炒锅都无影无踪了。因此，符合中国烹饪技术特征的新式烹调器械和设备的研制推广，无疑是影响中国烹饪产业化进程的一个重要环节。尽管当前行业内已出现了诸如测温勺、切割机等提高厨房生产效率的设备，但如何在此基础上进一步加快技术改造，迎接中国烹饪进入国际市场后更大范围内的市场竞争，需要对准产业特点进行有针对性的技术研究。传统中国烹饪使用的炒勺，就已经被日本企业研制成为能够连续翻动、保持一定温度控制的现代化机械设备，这对于中国烹饪来说，应该是一种启示和震撼。

目前，我国餐饮服务经济的特点决定了人为作用会占据较大的比重，菜肴的量化会涉及许多的指标，在数量不大的情况下，各项指标都进行统一的话，那很可能会变得更加烦琐，“效率优先”的原则很难显现。对于这个问题，其实经营者无需担心，近几年来许多大型的中国餐饮企业的实践已经证明了这一点，菜肴的量化对于稳定产品质量、赢得顾客的信赖起到了很大的作用。西式餐饮在这方面也早已做出了成功的范例，先进的器械设备，保证了餐饮产品的质量一致性和制作上的高效率。中国烹饪的产品生产要进一步开发和运用一系列能够提高菜点制作和生产效率的工具和手段，以此来减少单位产品的制作成本，使产业成本处于最优化水平。

不过，我们提倡中国烹饪生产的标准化，并不意味着要将传统的工艺流程与生产方式彻底抛弃。从美食的角度来看，运用手工业进行的菜肴生产还会永远继续下去，以充分体现中国烹饪的特色。但手工艺作业的产品与中国烹饪产业化的产品是有着本质上的区别的，其实，这也是将来中国烹饪作业与菜肴供应多样化发展的一个重要途径。

三、烹饪产业链

为了迎合和确保中国烹饪产业化这一发展趋势，餐饮业在经营中就需要与相关产业进行密切结合，发展态势迅猛的食品工业便担当了这样的角色。我国“十三五”规划中已经明确地提出了一项重要任务——“让安全的工业化食品进入老百姓的一日三餐”。为此，中国烹饪在产业化的发展过程中必须建立与其他行业密切协作的产业链。对此，有许多学者首先提出一个初步的构想。

1．建立人力资源供应链

中国烹饪产业化的发展有赖于人才的培养与储备，因此做好人力资源的培养与供应是中国烹饪产业化发展的基础工作，也是关键性的环节所在。因为餐饮业属于劳动密集型的企业，即便是机械化达到了很高的程度，仍然离不开人与人面对面的服务，更何况菜肴生产过程的本身就需要有一大批专业技术能力很强的人才队伍。

就目前情况而言，中国是一个人力资源非常丰富的地区，但在中国烹饪专业人才的培养方面却始终没有一个社会性的统筹规划。比如如何把城镇、农村的剩余劳动力培养成为适应中国烹饪产业化发展的专业人才；建立中国烹饪人员、餐厅服务人员等相关能力岗位的能力标准体系，而不是像目前各自为政，甚至为了小群体的一己利益随意确定标准的混乱局面。

对此，政府有关部门应在充分的社会调查基础上，除在正规的烹饪院校根据社会需求有计划地培养专业人才之外，还要建立由人员选择、人员培训、用人单位与培训单位协商一致的社会化人才培养机制。

当然，这当中也包括人才在社会上的有序流动，比如实行中国烹饪厨师登记制度、俱乐部制度与经纪人制度，鼓励人才中介机构设立或猎头公司之类的人才流动模式，这样一来既可保证专业人员的流动有序化，也确保了企业用人的稳定性，对于就业人员与用人单位都有一个基本的保障。

2．建立食品原料供应链

众所周知，著名的西式快餐“麦当劳”和“肯德基”无不是在建立完善的食品原料供应链的基础发展起来的。首先是原料生产种类及生产、养殖过程的标准化。比如建立统一的海产养殖基地、农业生产基地、蔬菜栽培基地等。有关部门提供统一的品种、统一的生产标准、统一的管理模式、统一的收藏标准等。然后进行统一地、集中的工业化加工处理基地，也就是被称之为“中心厨房”的原料半成品加工基地。

在此基础上，建立科学配置的原料配送中心机构，对各种经过统一化加工处理的食品原料进行统一配送。如此一来，不仅由于标准化的生产、加工、储存、运输等过程，确保了原料质量的稳定与统一，避免了菜肴出品质量由于原料质量的不稳定而飘忽不定的现象发生，更重要的是在这个链条中的上下两段发生了根本性的变化。一是中国烹饪餐饮企业的厨房可以最大限度地减少资源配置成本。现在的中国烹饪厨房由于要进行原料的初加工与细加工过程，厨房配置的面积很大，不仅浪费了场地，也造成了人力成本的增加，使产品的出品成本率被迫提高，尤其是随着中国人力资源成本的不断提升，这对于一般的餐饮企业来说将是一个很大的问题。而实行食品原料的配送制度，企业就可以减少厨房的配置面积和人力。二是以餐饮企业为中心的上游形成了产业化生产模式，可以发展成为从原料生产，到原料加工、包装、储存、运输、配送的一条龙式的发展态势。这对于形成大规模化生产、解决当前就业问题是一个具有重大贡献的领域。

3．建立产品开发科研链

由于市场经济的发展规律使然，当前的中国餐饮业，其激烈的竞争程度有目共睹。每个酒店为了不被市场淘汰，就不得不成立研究、开发菜品的机构，由此增加了企业的费用。关键的问题是，由于这些企业的规模化程度都较小，科研的投入自然也不会很大，形成不了规范化的、有竞争力的研发机制和科研成果。如果在政府有关部门的统一协调下，将这些零散的科研资金集中起来，建立规范有力的科研机构，并调动专业科技工作者进行全面的包括菜肴、设备、器具、用品等方面的研究开发，将为中国餐饮企业的发展提供雄厚的科研资源。

富有竞争力的烹饪科学研究成果，可以有偿地转让给企业，或根据具体的企业需要提供专门的产品研发等。这种集团式的科学研究模式，对于中国烹饪的发扬光大、推陈出新将会起到巨大的支持作用。

其实，这种规模化的科研，还可以包括中国烹饪餐饮品牌的策划、新产品的社会化推广等，甚至包括新店铺的设计、筹划等。

4．实现大型连锁企业与社会化服务相结合

中国烹饪产业化的发展必须以全方位、多层面的密切协作来实现。因此，政府有关部门应当在政策层面扶持创建大型的中国烹饪餐饮连锁企业，其中包括协助企业的

融资、人才倾斜、营销策略、市场管理等各个方面。

然而，建立大型的中国烹饪餐饮连锁企业，毕竟不是所有的企业都有能力做到的事情。对于那些中小型的餐饮企业来说，产业链的建设与发展就要依靠社会化的力量。从中国烹饪产业化发展的战略意义上讲，中国餐饮企业应该发扬两条腿走路的方式，有能力的企业向着连锁企业的方向发展，逐渐形成独立的品牌和市场竞争力，为进入国际餐饮市场做好准备工作。另一方面，在政府有关部门的支持下，充分利用社会上的闲散资金，有计划地建立并发展为中国烹饪餐饮企业产业化发展的相关链条，如原料生产、加工、配送等企业，形成一条社会化服务的产业链，也是不可缺少的发展模式。

5．烹饪工业化与信息网络时代的融合发展

随着现代信息科学的高速发展，以新技术网络平台为载体的电商经济得到了飞速发展，而且方兴未艾。就目前的网络信息发展态势而言，全球网络化时代已经为期不远，网络经济也以高速的发展影响着人们的生活方式。4G、5G、6G……，互联网、物联网……这些新技术日新月异的发展，使人类的生活得到了颠覆性的改变。烹饪产品、餐饮行业也置身其中。

随着烹饪现代工业化的发展，烹饪餐饮产品迎来了网络电商时代。一个以线下工业化流水线生产、线上网络销售、即时快递到客户的餐饮发展模式已经成熟起来，成为当前推动餐饮产业发展的新动力。烹饪工作者也必须清醒地认识到网络时代对人们饮食的影响，足不出户，手指一点，就可以品尝到各种美食，甚至是各地、各国美食，这就是新技术网络经济时代的特征。所以，中国烹饪的发展，要紧跟信息时代的脚步，结合网络经济时代发展的需求，在保持传统技艺的前提下，开发适应网络技术平台的新产品，让古老的烹饪技术为新时代服务，这是中国烹饪技术保持创新发展、弘扬光大的关键问题。

四、产业的低碳化发展

低碳，英文为low carbon。意思指的是较低或更低的温室气体（二氧化碳为主）排放。随着世界工业经济的发展、人口的剧增、人类欲望的无限上升和生产生活方式的无节制，世界气候面临越来越严重的问题，二氧化碳排放量越来越大，地球臭氧层正遭受前所未有的危机，全球灾难性气候变化屡屡出现，已经严重危害到人类的生存环境和健康安全。

2020年9月22日，国家主席习近平在第七十五届联合国大会上宣布，中国力争2030年前二氧化碳排放达到峰值，努力争取2060年前实现碳中和目标（简称，双碳）。“双碳”战略倡导绿色、环保、低碳的生活方式。加快降低碳排放步伐，有利于引导绿色技术创新，提高产业和经济的全球竞争力。

国务院印发的2023年第1号公报《扩大内需战略规划纲要（2022—2035年）》将大力倡导绿色低碳消费纳入了其中，从积极发展绿色低碳消费市场和倡导节约集约的绿色生活方式两个方面做了全面的规划。

低碳经济是我国当前及将来长期的发展战略，低碳餐饮是低碳经济的产物，是适应时代需要提出的，是低碳经济的必然要求和餐饮业发展的必然选择。低碳餐饮是指运用安全、健康、节能、环保理念，坚持低碳管理，倡导低碳消费，以维持生态的平衡性和资源的可持续利用性的绿色食物和饮料的生产和消费过程。因此低碳餐饮不仅仅要求食物本身的天然与营养，还要求食物的生产和消费过程的低碳环保。

（一）低碳餐饮的内容

对于餐饮企业来说，低碳餐饮应当保证食品生产与服务过程的低碳化。具体说来包括以下三方面内容：采购环节的低碳化、生产环节的低碳化和服务环节的低碳化。

1．采购环节的低碳化

采购环节的低碳化就是保证食品原料的安全与环保。第一，采购的货物必须来自合法和安全的货源；第二，货物的数量与储备水平一定要与企业的生产和经营规模相适应；此外，严禁采购和销售野生动物作为吸引顾客的卖点，餐饮企业应明白自身在保护野生动物方面所承担的责任和义务。

2．生产环节的低碳化

生产环节的低碳化包括两方面含义，即食品生产方法要确保食品的营养与卫生，生产过程要注意运用低碳技术组织生产。餐饮业由于其生产性质的特殊性，在生产过程中会消耗大量的能源，并产生大量的污染。《清洁生产促进法》明确规定，餐饮、娱乐、宾馆等服务性企业，应当采用节能、节水和其他有利于环境保护的技术和设备，减少使用或者不使用浪费资源、污染环境的消费品。因此餐饮企业应实行清洁工艺生产，集中使用水、电、气，降低能耗，做好污水、废气和垃圾的处理工作，做到达标排放。另外，要充分结合本地能源优势，考虑利用自然能源，如在高原地区可使用太阳能采热系统。

3．食品服务环节的低碳化

（1）禁止使用一次性发泡餐具，因为早在2001年国家经贸委连续下发了2个文件，要求生产企业和餐饮企业立即停止生产使用一次性发泡塑料餐具。

（2）根据《中华人民共和国食品安全法》有关规定，餐饮服务经营者要主动对消费者进行防止食品浪费提示提醒，在醒目位置张贴或者摆放反食品浪费标识，或者由服务人员提示说明，引导消费者按需适量点餐；餐饮服务经营者可以通过在菜单上标注食品分量、规格、建议消费人数等方式充实菜单信息，为消费者提供点餐提示，根据消费者需要提供公勺公筷和打包服务。餐饮服务经营者可以对参与“光盘行动”的消费者给予奖励；也可以对造成明显浪费的消费者收取处理厨余垃圾的相应费用，收费标准应当明示。

（3）在人们对公共卫生和健康越来越关注的时代，创造一个整洁、安静、雅致的消费环境也会成为低碳餐饮的标志。餐厅的装饰采用环保无污染材料，空气清新，温度宜人，工作人员着装整洁大方。

（二）低碳餐饮的实现途径

1．树立低碳理念，引导低碳消费

（1）管理者的低碳经营管理理念　餐饮企业管理者的低碳经营管理理念决定了餐馆的低碳化影响程度。管理者首先需要转变观念，深刻认识到节能减排、降低能耗是企业实现社会价值和履行社会责任的重要表现，是控制和降低企业生产成本的重要手段，摒弃以往“粗放型”经营方式，积极将低碳餐饮理念贯彻在餐饮经营的日常管理环节工作之中，通过制定低碳控制程序、办法，有效实现低碳经营的监管和监控。当然，管理者在推行低碳化经营管理的过程中肯定会遇到方方面面的阻力，如部分消费者对于餐饮低碳经营的不支持、不理解，企业内部员工对低碳管理的不积极配合等。这就需要管理者积极开展有效的宣传和沟通，在企业管理理念的整体设计中注入低碳元素，制定有效的成本管理体系、评价体系、服务体系和考核体系，加强有关服务项目标准规范的研究，进一步改善服务理念，探索饮食绿色化、卫生环保化、服务理性化等的实现手段，以实现满足消费者个性需求和餐饮业经营业绩提升的双重目标。

（2）服务人员的低碳服务理念　餐饮企业的服务人员作为直接对客服务的一线员工，在企业实施低碳经营的过程中起着十分重要的作用，他们的言谈举止往往代表着餐饮企业的品牌形象，对引导客人的消费将产生重要的影响。服务人员在服务过程中应有效地向客人传递逐步减少使用一次性餐具的信号，积极宣传、倡导低碳餐饮消费理念。也许，在低碳餐饮推行的初期，客人们可能会不理解，甚至会影响到企业短期的经营利润，但只要服务人员和企业管理者口径一致，注意保持长期一贯的与顾客的互动，就可以使客人在不自觉中能够为低碳事业亲力亲为，使其从中感受到低碳经济的优势，长此以往坚持不懈地做好低碳服务，就一定能够由己及人地把低碳消费理念转化为消费者的自觉行动，并由此及彼地扩大到社会生活的其他方面。特别需要指出的是，餐饮行业作为传统的劳动密集型产业，服务人员的流动性比较大，餐饮企业应该做好新上岗员工的培训工作，强化他们的低碳消费意识，从而使餐饮企业的低碳经营管理落到实处，使低碳消费得以全方位、持续性地实现。

（3）顾客的低碳消费理念　随着社会经济的发展，人们生活水平的提高，现代人已经不再仅仅满足于“吃饱”，而是越来越注重于提升“吃”的层次——要美味，要健康，在饮食上更加注重绿色、低碳、环保。作为低碳餐饮实施的直接对象，顾客的低碳消费理念需要餐饮企业进行合理的引导，需要通过一系列措施帮助大家转变陈旧的消费观念，建立理性消费、适度消费、科学消费的低碳消费理念。例如：餐饮企业可以积极研发养生、绿色的饮食菜品，提倡少吃荤多吃素的低碳饮食，从宣传保持体型、强健体魄、预防疾病、减缓衰老等多种益处着手，间接降低二氧化碳的排放；减少食品的包装，提倡对包装的回收再生利用，有效减少资源浪费；积极引导顾客按人点餐、按需点餐，若饭后有剩余食物，应建议客人打包带走，既为顾客的荷包“减负”，又可有效减少餐厨垃圾等。

2．低碳技术的支撑

（1）餐饮企业服务的设施设备是实施低碳餐饮的关键环节　虽然引进低碳技术的成本投入相对较高，但是从企业的长远利益来看，这是一个有效的环节，而且是必不可少的优化升级过程。据调查，目前在餐饮业中经常使用的低碳餐饮设备主要有电磁炉、微波炉、焖烧锅、多层蒸锅等。电磁炉的工作原理与传统的炊具不同，它的效率要比所有炊具的效率平均高出近1倍，还可以根据不同的烹调要求调节能耗，更加低碳节能。而微波炉则是热量直接深入食物内部，所以烹饪速度比其他炉灶快4～10倍，热效率高达80%以上。

目前，其他各种炉灶的热效率无法与它相比。焖烧锅的制熟原理是把生的食物放进内锅，在炉子上煮开后，把内锅放入外锅里盖上锅盖，食物可以继续保持高温焖热，直至熟烂。用焖烧锅来煲汤、煮粥或是炖肉，能缩短60%～80%的烹调时间，减少燃料或电的消耗。多层蒸锅是在蒸锅基础上的升级，上、下层同时进行，把两道菜的烹调过程合并，既节约了空间和时间，也减少了能源消耗。低碳的餐饮设备对餐饮企业节能降耗显得非常必要，但是餐饮企业的一些低碳设施也是不可缺少的。如餐厅无纸化的电子菜谱和点菜系统，对消费者而言，只要触摸电子屏上图文并茂的菜谱或者通过手机小程序，就可以自助点菜并直接算出总价，也有利于合理适量点菜。对于饭店来说，电子菜谱可以实时上传新菜、优惠套餐和更改菜价，免去了加印、重新制作菜谱所造成的浪费。

（2）餐厅的环保节能技术　餐厅也是能耗损失较多的地方，在餐饮企业成本中占有很大的一部分。为此，笔者认为在饭店的建筑装潢设计、室内空调、照明设备、水资源利用等方面应加强对太阳能、风能和生物智能等新兴技术能源的运用，以有效提高节能减排水平。比如在2010年上海世博会，肯德基将自己的低碳理念完美贯穿到整个餐厅设计中。在世博园区，肯德基每一个餐厅都拥有独立的太阳能供水系统，顾客洗手可以使用到太阳能温水，而餐厅的光源也采用LED和高通亮灯管等节能光源，如一些隐蔽处用LED作为装饰，而高通亮灯管则作为餐厅日常照明，其节能效果高达75%，除使用节能光源外，肯德基世博餐厅中也通过装上电扇以达到减少空调排放的作用，在每家餐厅中都加装吊扇，在增加空气对流的同时也可以减少空调的排风口的位置，既能做到节能，更能兼顾减排。此外，所有肯德基餐厅的外立面大量使用中空玻璃，既可以起到隔热保温，也能起到减少能源损失的效果。

（3）餐饮食品的低碳处理技术　餐饮食品的制作过程其实都涉及低碳化，就拿原材料采购来说，采购当季的蔬菜比反季节蔬菜所要的低碳处理少，因为反季节蔬菜需要储存，这样就容易产生能源损耗。同样，菜品的加工制作，边角料的处理都与能源利用、损失有关。为此，餐饮企业需要重视后厨管理，后厨在低碳餐饮中直接影响到节能减排和经营成本。餐饮企业应该尽量做到原料采购、加工制作、口味调制、产品配送的有机统一，这样，既可以充分提高原料的利用率，又能减少设备重复配置使用带来的时间、人力经营成本，以达到低碳减排的效果。

3．实施低碳餐饮营销

餐饮企业要真正实施低碳化经营、管理，离不开低碳餐饮的营销，也只有通过营销才能把低碳餐饮的理念加以传播，使之深入人心。但是，在推广普及低碳经济时，低碳餐饮还没有深入到每个餐饮企业，同时，在营销推行上仍面临不少障碍：绝大多数餐饮企业仍未确立低碳营销理念，生产经营仍是停留在传统的经营管理模式上，一味追求近期的微观利益，对眼前利益考虑得多，对企业的社会责任和企业的长远利益考虑得较少；有些餐饮企业尽管意识到低碳营销可以开辟新的市场和降低餐饮成本，但由于需要花费较大的成本进行设施设备更新、改造，以及技术投入，于是存在着一定的风险逃避心理而不敢贸然行事。因此致使餐饮业低碳餐饮营销理念很难得到推广普及。

而低碳餐饮营销是当前乃至今后的一种有效营销策略。餐饮企业不能因为面临着一些阻力就轻易放弃，应该将其作为一种理性的长期投资。笔者认为实施低碳餐饮营销，可以从以下几点展开：首先，餐饮业及餐饮协会应该倡导低碳营销，推出低碳试点企业，创新低碳烹饪方法；其次，餐饮企业应积极研发出低碳营养菜谱，积极提倡少荤多素、粗细搭配的低碳饮食理念；再者，餐饮企业可以打造出低碳特色餐厅，营销低碳用餐环境和低碳饮食文化，倡导科学、理胜的餐饮消费。

4．建立低碳餐饮评价体系

低碳餐饮实施的效果评价可以从政府主管部门、餐饮行业、餐饮企业三个层面建立评价体系。从政府主管部门角度，应抓紧制定出台相应的法律法规，确保低碳餐饮在推广上的法律强制性，加大日常监督力度，将餐饮生产过程中的能源消耗与政策性奖励直接挂钩；从餐饮企业整个行业的角度看，餐饮协会需制定出台餐饮业低碳化的行业标准规范，从餐饮业实际生产、服务流程，尽快建立起低碳化管理与操作规程，量化各项低碳经营的评比指标，设定低碳餐饮经营示范单位，严格评选条件，动态评估餐饮企业的能耗、排污状况；从具体的餐饮企业内部运营来看，餐饮企业内部也需建立起有针对性的节能环保、低碳减排的规章制度，从涉及餐饮经营的就餐环境、餐具、原料、菜品、烹饪工艺等各个方面，不断深化和促进低碳减排，并加强员工节能减排工作培训以及相应的激励机制，开展交流示范、评定表彰和宣传推广等活动。

（三）实施低碳餐饮的意义

1. 节能减排是餐饮企业承担社会责任的体现

餐饮业的快速发展，生产经营过程中造成环境污染问题日益突出，主要有噪声、废弃物、餐厨垃圾等。其中，噪声污染源主要来自大功率抽油烟机、空调机以及人们产生的嘈杂声，这也是城市环境污染投诉的热点、难点。油烟废气排放，尤其是餐饮业油烟污染，如：酚类化合物、含硫、含氮化合物、杂环化合物等大量有毒、有害致癌物质，已经成为影响城市环境质量的重要推手。另外，由于餐饮企业的垃圾中转处理设施规模、技术操作水平等参差不齐，而且缺乏统一的餐厨垃圾收运标准，大部分处理过程仍然较粗放，没有得到完善处理以致对环境造成二次污染。餐饮企业在生产经营过程中产生的环境污染问题，是经济效益负外部性的表现，餐饮企业需要承担社会责任，而降低能耗、减少排放、低碳管理能从源头上解决上述问题。因此，餐饮业若能实施节能减排，就能够体现出企业的社会责任感，也表明餐饮业是有信誉负责任的行业。

2. 降低能耗是控制餐饮成本、提高利润的有效方法

由于全球能源与市场需求比差的拉大，造成目前能源资源的价格不断攀升，市场供求关系失去原有的平衡状态，餐饮业能源费也应势不断呈上升态势。依据专家测算，一般企业平均存在着30%左右的节能空间。所以，对于餐饮企业来说，节能减排不仅凸显了企业的社会责任，更能降低经营成本，大幅提升企业的盈利能力。据统计，国内星级饭店每天消耗的一次性洗漱用品达120万套，仅星级酒店的消耗就高达22亿元，而且一次性用品难以回收，社会还面临着二次处理所带来的浪费。在餐饮业中，有许多可以进行降低能耗、控制成本的环节。例如：餐饮企业的一次性筷子通过消毒等程序，可以实行重复使用，这样每月可节约一笔不小的开支；还可以将残羹冷炙加工成动物饲料，变废为宝，增加产品的附加值，现在许多餐饮企业已开始推行这项措施，为企业节约了成本，类似这样的环节都可以有效地解决餐饮企业由于高污染、高能耗所造成的运营成本递增问题。

3. 倡导节约，引导科学、理性的餐饮消费

节约是中华民族的传统美德，公众节约能源的观念对于节能减排是一件大好事，“低碳”社会的构建也离不开公众行为方式的改变。然而，目前在我国餐饮经营过程中仍存在着大量非节约型和非合理型的消费方式。

一是食物的浪费，从我国的传统文化来看，国人深受“面子消费”文化观念的影

响，一味追求排场，饮食的铺张浪费成为社会关注的焦点问题。2020年9月，全国人大常委会启动了为期一个多月的珍惜粮食、反对浪费专题调研，旨在加快建立法治化长效机制，为全社会确立餐饮消费、日常食物消费的基本行为准则。2021年4月29日，第十三届全国人民代表大会常务委员会第二十八次会议通过《中华人民共和国反食品浪费法》正式施行。这将有助于减少食物浪费。

二是水、电能源的浪费，为了营造舒适的温度环境，空调在现代餐饮企业经营中被大量集中使用，无节制开放，给城市高峰期用电带来了很大的负担。同时，餐饮行业中的用水量也很大，包括饮食用水、洗涤用水等，其中洗涤用水量约占整个用水量的2/3。

三是低值易耗品的浪费，一次性筷子、纸杯的浪费尤其值得重视，表面看起来是讲卫生、便利，其实是对自然资源的掠夺式使用，是一种非可持续的消费理念。据统计，我国餐饮业每年消耗一次性筷子约450亿双，相当于2500万棵树，减少森林面积200万平方米。

思考与练习

1. 结合所学，用自己的语言阐述烹饪学的内涵。
2. 用自己的语言来阐述烹饪的产业化发展内容。
3. 烹饪标准化包括哪些内容？
4. 低碳餐饮的内容包括哪些？
5. 低碳餐饮的实施途径有哪些？
6. 为什么要实施低碳餐饮？

参考文献

[1] 金洪霞，宫润华. 中国烹饪概论［M］. 2版. 北京：中国轻工业出版社，2021.

[2] 李曦. 中国烹饪概论［M］. 北京：旅游教育出版社，2005.

[3] 张海林. 中国烹饪学基础纲要［M］. 郑州：中州古籍出版社，2006.

[4] 周晓燕. 烹调工艺学［M］. 北京：中国纺织出版社，2008.

[5] 陈苏华. 中国烹饪工艺学［M］. 上海：上海文化出版社，2006.

[6] 马健鹰，薛蕴. 烹饪学概论［M］. 北京：中国纺织出版社，2008.

[7] 陶良虎. 中国低碳经济：面向未来的绿色产业革命［M］. 北京：研究出版社，2010.

[8] 张岳军，方法林. 低碳餐饮的内涵分析及实现途径［J］. 扬州大学烹饪学报，2012，29（3）：51-55.